原発再稼働と自治体の選択

原発立地交付金の解剖

高寄 昇三

公人の友社

はしがき

　福島第一原発事故は，エネルギー政策に大きな衝撃をもたらした。原発神話が崩壊し，日本は，ドイツのように脱原発へと，エネルギー政策を切りかえると予想された。

　しかし，現実は電力会社の経営赤字，国際収支の悪化，原発の安価なエネルギーなどが強調され，政策の潮流は，原発再稼動への動きを加速させつつある。

　原発推進と原発反対が，国論を二分して激突し，脱原発へ住民運動の高揚がみられるが，双方とも政策の決め手をかいている。原発推進派は，原発神話の復活，原発コストを補強し再度，実効支配を復権させ，原発再稼動をめざしている。原発に回帰するのか，原発を断念し，自然エネルギーを促進するかが問われている。

　原発再稼動のカギを握っているのは，原発立地自治体である。政府・電力会社が，原発を推進しようと躍起になっても，立地自治体が，原発を容認しなければ，原発再稼動はありえない。

　ただ福島第一原発事故後の動向をみると，福島県は脱原発へと方向転換したが，一般的には原発立地自治体は，原発再稼動に前向きであり，非原発立地自治体が反対という，奇妙な図式が形成されつつある。

　原発事故の悲惨な実態をふまえれば，原発立地自治体が原発反対，非原発立地自治体が原発賛成でなければならない。どうしてこのよ

うな逆の構図になったのか，自治体の原発についての政策認識が貧困であるからである。

　原発立地自治体は，原発交付金をもらって原発を容認し，電力消費者は，割増電気料金を支払って，原発エネルギーを消費するという，安易で歪んだ利害関係となっている。

　この関係の根底には，原発マネーのメカニズムがあり，このメカニズムの淘汰なしに，エネルギー政策の変革も実現できないであろう。

　すなわちエネルギー政策の核心は，電源立地交付金であり，この変革が前提条件となる。電源立地交付金という潤沢な財源給付が，立地自治体の正常な政策感覚を狂わせ，誤謬の選択へと，誘導しかねかねないからである。

　第1に，電源立地促進税は，年間約3,500億円であるが，自治体に交付されるのは，約1,200億円程度で，残余の2,300億円は，原発推進の経費として，特別会計で処理されている。

　しかも自然エネルギー開発より，原発開発・推進への研究・調査費が圧倒的に大きく，原発の効用を過大評価する機能を発揮している。

　第2に，電源立地促進交付金は，人口1万人前後の原発立地町村に，年間10～40億円もの財源を気前よく支払っており，迷惑料としては余りにも巨額で，自治体の財政感覚を麻痺させている。

　しかもこの交付金が，箱物行政などに浪費され，地域経済の振興には余り寄与していない。そのため立地自治体は，ますます原発財源を必要とする，悪循環に陥っている。

　第3に，電源立地促進交付金は，原発立地自治体のみでなく，隣

接・周辺自治体にまんべんなく散布され，結果として反原発への封じ込め機能をはたしている。

しかも原発は，地域社会に原発マネーを，散布しただけで，立地自治体は地域振興への有効な施策を展開していない。地域経済の内発的開発とか，持続的成長への布石すらみられない。

立地地域の経済も，原発基地経済による虚構の繁栄をもたらしただけで，電源立地交付金を容認するにしても，原発立地自治体の地域経営能力が，問われるのである。

第4に，電源立地交付金が，立地自治体の財源欠乏を，癒やすはずであったが，現実はますます財源飢餓状況に追い込んでいる。交付金だけでは不足として，道県は核燃料税を創設したが，近年，都市自治体も使用済核燃料税を創設している。さらに核燃料税は，原発停止中も税収が，徴収できる方式へと変更されている。

電源立地交付金は，原発立地の地域社会を，豊かにしなかっただけでなく，原発立地自治体の財政健全化を，もたらすこともなかった。そのためひたすら立地自治体は，原発財源の増大に，活路をみいだす施策が，追求されている。

原発立地自治体は，今や貧困団体でなく，電源立地交付金で，全国的にみて有数の富裕団体に変貌した。それでもさらなる原発マネーの増額をかち取っているが，立地自治体の財政は，原発依存という，状況に陥っている。

原発事故・廃炉となれば，たちまち地域崩壊の窮状となるが立地自治体は，このような原発の異常事態を想定していない。原発政策・財政の閉塞感を打破するには，エネルギー政策のコペルニスク的転換を図っていくしかない。

第1に，現在の大量生産・大量消費というシステムを変革し，エネルギー政策において，省エネ装置の開発・エネルギー管理の効率化・節電意識の浸透，そして自然エネルギーの促進である。ことに電力消費地域にあっては，省エネ・自然エネルギーなどの開発・促進の責務は大きい。

　第2に，将来的に，電源立地促進税は廃止し，受益者負担を明確にするため，法定外目的税として電源立地税とし，自治体ごとに発電税を創設していくシステムにする。

　従来の電源交付金は廃止し，発電量におうじた奨励金とし，財源は住民税の超過課税で調達する。自然エネルギーの発電量へも平等に交付する制度に改正する。

　第3に，エネルギー政策は，政府の施策であるが，同時に自治体の施策でもある。なるほど政府が決定権限を保有しているが，自治体は，政府の決定権行使において，地域社会の利害から関与する権限を有している。

　自治体が地域社会の生命・安全・環境を維持する責務を帯びているからである。さらに省エネ・自然エネルギーなどの促進は，個々の家庭・企業が，どれだけ頑張るかであり，自治体は，その牽引車とならなければならないからである。

　環境問題とからめて，エネルギー政策を，地方行政のなかで，市民権を付与しなければならない。いずれの政策決定においても，賛成・反対に平等の機会・資金・情報が提供されなけばならない。

　現行の制度は，電源立地促進税の配分・運用において，税源をほぼ原発推進派が独占しており，政策形成・決定における，イコールフッティングの状況にない。エネルギー政策における現状の不合理

はしがき

なシステムを是正が，省エネ・自然エネルギー開発の前提条件である。

　エネルギー政策は，国の政策であるが，自治体の政策でもある。社会保障をみても，健康保険・生活保護・介護保険をみても，政策立案は国であったも，実施・負担は自治体であり，住民である。脱原発をめざすのなら，自治体はエネルギー政策を，自治体で独自施策として実施しなければならない。

　本書は，電源立地交付金をめぐる，原発立地自治体財政を，追跡・分析することで，脱原発への処方箋を描いてみた。脱原発への政策論議を深めていく，素材となれば，幸いである。なお出版の配慮をいただいた，公人の友社の武内英晴社長に心から感謝します。

2004年3月

高寄　昇三

はしがき

目　次

　はしがき……………………………………………………………… 2

I　原発財源と原発立地促進効果 ………………………………… 11

　1　原発推進・反対と地域社会の決断……………………………… 12
　　　エネルギー政策の争点整理／原発をめぐる地域社会の対応（原発立地反対）／原発をめぐる地域社会の対応（原発立地賛成）／原発立地自治体は，なぜ原発再稼働をすすめようとするのか

　2　電源三法と電源立地交付金……………………………………… 28
　　　原発立地交付金の特徴／電源立地交付金の実態／電源三法についての疑問／個別交付金の性格・内容

　3　電源立地交付金の拡充・浸透…………………………………… 42
　　　電源立地交付金の運用実績〈福井県〉／〈福島県〉／〈佐賀県玄海原発〉／〈北海道〉／〈鹿児島県川内市〉／〈茨城県東海村〉

　4　原発寄付金の地域社会の侵蝕…………………………………… 56
　　　電力会社の主要寄付金／特異な原発財源としての寄付金

Ⅱ　原発財源と立地自治体財政の変貌……………………… 67

1　原発財源の道県財政への効果…………………………… 68
電源立地地域対策交付金／特例固定資産税

2　道県核燃料税創設と膨張…………………………………… 75
核燃料税の制度的問題点／核燃料税確保の画策／核燃料税の各県財政への貢献度／県核燃料税の市町村への配分状況

3　原発立地道県と地域振興効果……………………………… 85
原発マネーで過疎脱却ができたか／原発マネーで財政基盤を拡充できたか

4　原発立地と都市原発財源の拡大………………………… 98
原発立地市原発特定財源の実態／電源特定財源の市財政への貢献度

5　都市原発財源の経済・財政効果………………………… 106
原発で都市経済・市民生活はどう変化したか／原発財源で財政基盤は拡充できたか／原発立地市の財政構造

6　原発立地と町村財政の肥大化…………………………… 117
原発特定財源の町村財政での比率／町村民税数倍の原発関連財源

目　次

　　7　原発立地町村財政の多様性……………………………… 123
　　　　立地町村は過疎脱却・後進経済脱皮ができたか／原発財源で財政基盤を拡充できたか／激変した原発立地町村の歳入構造／落差の大きい原発立地町村の歳出構造

　　8　原発立地町村財政の硬直化……………………………… 138
　　　　新潟県柏崎市の実績／福井県高浜町の財政運営

Ⅲ　脱原発と自治体の選択 ………………………………… 151

　　1　原発コストと原発損害賠償の検証……………………… 152
　　　　原発・自然エネルギーのコストの比較分析／原発事故の損害賠償コスト

　　2　原発立地と自治体の選択………………………………… 161
　　　　原発は，廃止できないという仮説／原発廃止への自治体の対応／既存原発の再稼働を認めない選択／原発誘致の選択／原発立地自治体と非立地自治体との落差を，どう埋めていくか

　　3　脱原発への自治体の処方箋……………………………… 175
　　　　脱原発への地域経済システム／脱原発への地域エネルギー循環システム

I　原発財源と原発立地促進効果

1　原発推進・反対と地域社会の決断

　福島第一原発事故で，原発存続・廃止論争が高まっているが，多分にイデオロギー論争の色彩をおびている。これらの問題の背景にある，エネルギー政策について，原発コスト・原発立地施策・原発損害賠償などの調査・分析にもとづいた，争点整理がなさればならない。

　ことにキーポイントは，原発自治体への電源立地交付金などの特例財源措置である。自治体が，原発立地・再稼動に反対すれば，事実上，原発は稼動できない。しかし，自治体が，原発財源と引き換えに，原発再稼動を選択すれば，周辺自治体でも，阻止はできない。

　ただ原発をめぐる，地域社会の対応をみると，ある過疎町村が，原発を受け入れ，ある貧困町村が，原発を拒絶している。

　その対応の相違は，原発神話を信じるか信じないか，生活環境をまもるか，放棄するか，内発的地域振興か外発的企業誘致か，いずれを優先させるかであった。

　もっともその背景は，単純なものでなく，地域社会の過疎脱皮という，地域願望があり，原発誘致という危険な賭けにでるか，地域衰退を辛抱し，貧困に耐え忍ぶか，いずれにしても貧困町村にとって，苛酷な選択であった。

　政府・電力会社が，如何に圧力をくわえても，立地自治体が賛成し，地域社会が容認しなければ，建設はおろか再稼動もできない。

したがって政府・電力会社は，あらゆる施策を弄して，自治体の同意を引き出そうとする。

その常套手段が，財政的メリットの供与であり，反対派は，財源的魅力によって，内部から切りくずされ，原発複合体の圧力によって，運動も分裂への経過をたどっている。

エネルギー政策の争点整理

しかし，財源供与で地域社会の選択を誘導するのは，政府のやることではない。日本経済のエネルギー政策の将来像を提示し，政策論議をかさね，地方財政の規律の範囲内での行政コスト弁償にとどめ，長期的な視点から，地域社会に協力を求めるべきである。

ただエネルギー政策の責任は，政府にあるが，政府が最適選択をする保証はなく，エネルギー政策の動向は，地域社会に深刻な影響をもたらす。そのため政府・自治体・地域社会のせめぎあいが，起こるのは当然で，その過程で，熟慮の決定がなされるべきである。

まずエネルギー政策の争点から整理してみると，第1に，エネルギー消費は，GDPに比例して伸びている。高度成長期，エネルギー供給を，化石燃料に依存していては，不安定であるだけでなく，国際収支からみても，外貨の浪費である。したがって原子力発電などで，エネルギー自給率を高める政策が，緊急の課題であった。

ことにオイル・ショック後，政府は原子力発電の建設を加速させ，国策として強力に推進する焦燥感にかられた。しかし，原子力発電が稼動すると，間もなく1979年，スリーマイル島原発事故が発生し，原発安全神話は，大きく揺らぎ，全国的に反対運動が台頭した。

原発政策は，大きな岐路に立たされたが，エネルギー消費は，現在，

生産45％，民生31％，運輸23％であり，産業だけでなく，生活にも浸透しており，原発脱皮は容易でなかった。電力消費地域が，エネルギー政策について，まったくといっていいほど無関心であったため，脱原発運動も空転したままであった。

　第2に，エネルギー政策の壁は，環境問題であった。原発を拒否し，化石燃料への依存は，大気汚染抑制にも，反する事態につながる。日本のガス排出量は，基準年次1990年の年間12.6億トンから，むしろ上昇し，2007年には13.7億トンと増加しており，京都議定書の削減約束2012年11.8億トン（森林効果除外）をはるかにこえている。

　CO_2/KWhのグラムでみると，石炭火力975.2，石油火力742.1，天然ガス（汽力）607.6，天然ガス（複合）518.8，原子力21.6〜24.7，水力11.3，地熱15.0，太陽光53.4，風力29.5で，原子力発電が，圧倒的に有効である。

　原発に反対する勢力は，エネルギー消費抑制だけでなく，大気汚染という環境問題についても，解決策を提示する責任がある。

　また年間発電量（2007年一般電気事業用）では，石油13.4％，石炭25.3％，天然ガス的27.3％，原子力25.5％，水力7.9％，新エネルギー0.7％である。それでもエネルギー自給率は4％，原子力を含めても約20％しかない。

　原発反対派は，エネルギー供給における，自然エネルギーの絶対的劣位をふまえて，脱原発への戦略を，錬ってくハンディがある。

　第3に，エネルギーコストの問題である。政府の『原子力白書』などによると，試算では，1kw時で，原子力5〜6円，火力7〜8円，水力8〜13円，風力10〜14円，太陽光49円と設定されている。

この計算は，総発電コスト（資本費＋燃料費＋運転維持費）÷発電量＝単位発電コストという計算である。

　この発電コスト計算は，原子力コストは直接的コストしか，算定していないとしても，原発の安全神話が，崩壊した今日では，安価な原発が，原発推進の大きな牽引力である。原発反対派は，虚構の安価な原子力を，覆していかなければならない。

　原発神話にもとづいて，外国では原子力発電所の新設が続いているが，忘れてはならないのは，日本が災害大国で，10～20ｍの津波に襲われる国は，世界的にまれである。原発との共生が，きわめてもろい技術の神話によって，支えられている現実である。

　原発推進・原発反対のいずれも，エネルギー政策の最適選択をもとめて，論議を深め，方向を決定するとしても，地域社会は，地域振興をからめて，原発推進・原発反対かの決断となる。

原発をめぐる地域社会の対応（原発立地反対）

　つぎに原発をめぐる地域社会の相違をみると，第１の対応が，原発立地反対である。地域住民が，環境優先から反対したが，地域社会での一本化は，かなりの時間と，労力を費やしている。

　政府・電力会社・県・議会など，利権的要因から，市町村への原発立地をせまったが，必ずしも全部が，成功したのではない。一部の市町村では，安易な繁栄より，安定した生活を求め，住民は反対運動を展開し，住民投票も実施して，住民パワーを結集して，原発阻止を住民投票で，決着をめざしたが，地域民主主義も尊重されなかった。[1]

　地域社会が，原発立地に反対した要素は，原発事故への不安であ

り，被害の甚大さである。感覚的・本能的な反対であったとしても，福島第一原発事故をふまえると，政策的にも優れた対応であった。

第1に，地域社会は，政府・電力会社の原発推進に反対し，環境保全・生活安全を選択した。ことに原発で海が汚染される恐れがある，漁民の反対が反対運動をリードしていった。

紀伊水道をはさんだ，徳島県阿南市に四国電力の蒲生田原発と，和歌山日高町の関西電力日高原発の建設計画がもちあがったとき，両地域の漁民は連携して，反対運動を展開した。

日高原発は，67年に町議会が，誘致を決議したが，90年には反対派町長が選出され，計画は頓挫した。蒲生田原発は，68年に有力候補地となったが，伊方原発に決定された。しかし，76年に候補地として，再浮上したが，79年に市長が「白紙撤回」を発表して，事実上，建設中止となった。

いずれも賛成・反対派にわかれ，長期にわたり，地域を分断して抗争が展開され，「原発はできる前から地域を壊す」という泥沼状況になったが，首長の意向で，終止符がうたれている。[2]

この結末の背景には，1979年のアメリカ・スリーマイル島原発事故，1986年のソ連・チェルノブイリ原発事故が，原発安全性への反証を，提供したことが大きくひびいている。

第2に，和歌山県日置川町の反対運動をみてみる。1976年，日置川町に関西電力の原子力発電所建設計画が浮上した。当初，首長・議会が，秘密裡に町有林66万m^2を12.6億円で，関西電力に売却したのが，紛糾の始まりであった。[3]

この計画に日置漁協が反対し，原発立地は円滑にいかなくなる。しかし，当時，日置川町は，林業の衰退・財政悪化が深刻で，貧困

からの脱皮が，焦眉の案件であったが，反原発運動が展開された。

　76年の町長選挙は，原発推進派で6選をめざす現職と，原発反対派の新人との戦いで，反対派の坂本町長が当選した。その後，町長・議会・執行部の軋轢から，町長は辞職するが，結局，83年選挙で3選をはたし，原発反対の方針が持続された。

　ただ町政を担当した阪本町長は，次第に原発立地への意向を強め，84年度予算で事前調査費を計上したが，議会で否決されている。ところが84年7月の選挙では，原発積極誘致の宮本町長（元収入役）が当選する。

　議会も賛成し，原発を中心として基本構想のもとで，原発誘致へのはずみがついたが，1986年のチェルノブイリ原発事故で，原発反対が再度推進された。88年の町長選挙では，反対派の三倉町長が誕生し，商工会議所・建設業界などの推進派をおさえ，原発反対が定着していき，92年3月の選挙で再選をはたす。

　日置川原発に関西電力・和歌山県は，未練を捨てきれなかったが，日置川町は，原発に頼らない地域づくりをめざして，観光・うめなどの地場産業を育成し，原発なき地域振興策のもとで，貧困であるが，安心な生活を選択した。

　第3に，ただ住民運動が，首長・議員選挙で勝利しても，当選した首長が，原発推進派に転向し，原発阻止が空転する，予想外の事態という変化が，各地でおおくみられた。また放射能漏れ事故，推進派首長・議員汚職などで，原発推進への批判が高まる，有利な社会情勢が醸成されても，原発立地阻止に失敗する，憂き目をみている事例も少なくない。

　佐賀県玄海町では，1971年原発誘致で，町長らの汚職事件発覚

を契機に，2号機建設への反対の住民会議が結成されたが，反対運動は成果をみなかった。

73年8月には，建設中の四国電力伊方原発（愛媛県）をめぐって，住民が設置許可取消を求めて，初めて行政訴訟が提訴されたが，それでも，原発建設を阻止できなかった。[4]

原発をめぐる地域社会の対応（原発立地賛成）

第2の対応が，原発立地賛成の対応であるが，原発推進も，実際は地域社会で，賛成・反対がわかれており，誘致への軌跡は，紆余曲折をたどっている。地域社会が，誘致を決定した要素は，何であったか。なぜ誘致に踏み切ったのかである。

第1に，貧困からの脱皮である。過疎地域は，人口減少・第1次産業衰退で，地域社会存亡の危機にたたされていた。地域が存続するためには，なんらかの地域振興策を選択するのは，当然の行為である。大都市圏でもカジノ誘致，イベント開催など，さまざまの振興施策を展開している。

しかし，過疎地域には，地場産業振興といった施策しかなく，しかも施策効果は，おおくはのぞめない。結局，安楽死するか，リスクの高い施策を選択するかの，究極の決断をせまられた。

第1次産業以外に，目立った産業のない町村は，原発の危険性への不安があったが，町村財政は苦しく，出稼ぎなどの苦労を，解消するため，火中の栗を拾う窮余の決断をした。

なんといっても原発マネーの経済的魅力である。立地自治体とても，安全神話を100％信用したのでわない。貧困から脱却という地域社会の願望が，原発推進への起動力となり，この願望を，政府・

電力会社にみすかされたといえる。

　政府は，原発にかぎらず，国策遂行のため，さまざまのビジョンで，地域社会を幻惑してきた。戦後をみても，新産・工特にはじまり，テクノポリス・リゾートなどの夢をばらまき，国策への協力を強要してきた。政府・電力会社にくわえて，自治体・企業そして，地方議員・職員すら，原発立地への誘導を画策していった。

　第2に，町村が原発立地を決断したのは，原発建設・運転で，地域社会に散布される，原発マネーは潤沢であり，地元企業・住民が潤うからである。

　もっとも原発誘致は，当面は原発という装置産業による，地域浮上であったが，原発をテコとして，地域産業の高度化・ハイテク産業の集積などによる，地域経済の成熟を期待した。

　1974年6月に電源三法が，制定され，原発立地にともなう，財政効果が確実視された。また1976年自治省が，福井県核燃料税を許可したので，原発財源は，一層の拡充をみた。

　しかし，原発による地域振興はすすまず，電源立地交付金の増額・長期交付システムが導入され，立地自治体の財政だけが，肥大化していった。

　第3に，立地自治体のあくなき原発財源への執着をみると，正常な施策選択の感覚が，狂っているのではないかと懸念される。ことに原発再稼動をみると，立地自治体が，原発財源という禁断の果実を味わうと，容易なことでは断念できない様相を，呈しているのがわかる。

　原発財源の仕組みは，きわめて巧妙であり，電源交付金は，新増設がなければ減少していき，また交付金は，当初，公共投資に限定

されていたので，箱物行政となり，維持運営費の圧迫から，財政危機に陥るシステムになっていた。そのため立地自治体は財源を求めて，さらなる原発建設をすすめていった。

　さらに，交付金のシステムは巧妙化していき，老朽化した原発の稼動継続を容易にするため，電源立地交付金の長期交付システムを導入した。また電源立地交付金から漏れた，立地自治体の隣接・周辺市町村で，反発がつよまると，道県交付金を割いて，おおく地域自治体へ交付金散布をひろげていき，反原発への動きを包摂していった。

　しかし，憂慮されるのは，原発マネーのため，自治体の正常な判断能力が機能しなくなり，原発の安全性・地域振興効果を無視して，原発増設を要望する姿勢を，強めていく傾向への危惧である。

　もちろん立地自治体にも，言い分はあり，原発への安全対策費とか，関連公共投資がかさむこと，またどこかの自治体が，原発を引き受けなければ，日本のエネルギー供給が枯渇することなどがある。

　しかし，実際は，立地自治体の原発対策費と無関係に原発財源は，増殖していき，原発が財政運営上の財源獲得手段へと変質しつつある。

　第4に，原発財源は，福島第一原発事故によって転機をむかえる。全国の原発が定期検査などで発電が停止され，電源立地交付金・核燃料税の大幅な減収にみまわれた。

　東北電力は，浪江・小高原発（福島県）の原発建設計画を断念した。福島第一原発事故があったので，原発事故の被害をうけた，浪江町住民の強い反発が，東北電力を断念へと追い込んだといえる。浪江町長は，「原発事故の悲惨さは町民の胸に深く刻まれている。計画

中止を高く評価したい」[5]といわれている。

　しかし，浪江町の原発建設をめぐる40年は，建設計画で地元が，翻弄された軌跡でもある。建設予定地は，福島第一原発から10キロであり，建設予定地約150万㎡のうち95％，約125万㎡は取得済みである。

　浪江町住民は，当初，ほとんどが反対したが，「福島第一原発が動きはじめると，隣の双葉町や大熊町では出稼ぎに出る人が減り，新しい建物が次々と建った。『栄えていく姿を見せつけられ，反対派はほとんどいなくなった』」[6]と，原発効果の浸透性は，自立精神を萎縮させていった。

　このように原発建設には，経営的におおくの無駄が発生している，事前用地買収の塩漬けで，金利負担だけでもけっして軽くなく建設に着工して完成できても，稼動の認可に手間取り，金利負担もふくらむ。

　さらに原発安全基準が厳しくなると，原発建設・再稼動コストの割高となり，電力会社の経営悪化の要因となるだけでなく，原発コストの有利性を，目減りさせていきつつある。

　第5に，地域社会は，原発をめぐって40年以上，賛成・反対・中立派が紛争をかさね，決して安定したものでなかった。福島第一原発事故以後は，現実の被害が，発生したので，各地での原発反対運動の刺激となったが，原発立地自治体でも，原発への危機感は，必ずしも共通認識として浸透していない。

　福井県では，現在，原発建設計画は11基あり，建設・増設をめぐって争われるが，すでに2基は建設計画中であるが，既存原発の再稼動がどうなるか，政権の交代で，政府方針の変更があり，自治

体・住民も対応に苦慮する事態となっている。

　ただ原子力発電のアキレス腱は，原発の安全性であった。これまで安全神話を，前提条件として，原発政策は推進されてきたが，福島第一原発事故で，神話は崩壊し，原発政策も転機に立たされている。

　第1に，原発の危険性である。原発事故は，あくまでも蓋然性の問題であり，自然エネルギー・火力発電でも，事故は発生する。原子力発電の安全神話は，福島第一原発事故で，完全に崩壊した感があるが，それでも安全基準を高めれば，原子力発電は，安全という信奉は，根強く生きつづけている。

　しかし，福島第一原発事故をみても，火力発電とはことなり，一度，事故に見舞われるると，被害は甚大であり，復旧費・賠償費は，天文学的数値となる。

　第2に，エネルギーを，何に依存するか，大きな要素はコストである。原発は，直接的コストは低いが，総合的コストは決して低くない。

　原発を停止させ，火力発電をフル稼動させれば，電力需要に対応できるが，電気料金がハネあがり，環境汚染も深刻化し，さらに石油輸入で貿易収支の赤字幅が，拡大すると批判されている。

　それでも計画停電という，最悪の事態は，回避できることがわかった。あとは市民・自治体で，どれだけ自然エネルギーを普及させ，省エネ装置による節電装置への投資，そして節電の強化である。これら施策によっても，とても原子力の穴埋めの能力はないと，軽視されているが，時間の問題であり，本気でやれば中期で達成できる。

　第3に，原発処理は，短期・中期・長期で考えなければならない。

原子力発電は，福島第一原発事故以来，ほとんどが安全審査などで，ストップしているが，再稼動させなければ，九電力の経営はきわめて苦しく，電気料金へのツケ回しが確実に行わる。

　しかし，再度の原発事故は，起こらないとは保証できない以上，電力需要・電気料金などの経済・経営的課題とのジレンマはますます，深刻化していった。政府・電力会社・立地自治体の再稼動への胎動がみられるが，原発再稼動への反発は激しく，この対立をどう克服していくかである。

　段階的解消が，穏当な対応であるが，方針が明確に策定されなければ，やがてなし崩し的に再稼動・新設がひろがっていくことになる。原発コストの割安は，無視できない選択材料として残っており，原発存続への根拠としてふくらみつつあり，既存原発の再稼動となると，必ずしも反原発は，有利とはいえない。

　第4に，原発安全性をはじめ，原発をめぐるエネルギー政策が，科学的に適正な審査・法的に基準厳守で決定されるとは限らない。原発複合体といわれる，推進派は，原発停止による，電気料金値上げで，生産・生活コストの上昇が，経済不況をもたらすとの警戒感をつよめ，再稼動への動きをつよめている。

　原発をめぐる最近の動向をみると，第1に，政府の原発政策は，民主党は，30年後，廃止をうちだしたが，政権交代で自民党となり，原発推進へと政策転換がみられ，再稼動へむけての審査が行われている。

　第2に，経済界は，九電力は当然として，全般的に原発推進であり，短期的経済利益で判断している。長期政策的には，原発コストと非原発コストは，相対的な差であるとの認識がない。

火力発電による原油輸入による貿易収支の赤字を案じているが，輸出産業が円安効果で復活すれば相殺され，しかも経常収支は，資本収支もあり，国際収支は危機的状況ではない。
　電気料金の値上げは，痛手であるが，電力自由化とか，配電コスト削減とかで克服できる課題である。ある意味では，電気料金の値上りは，最大の省エネ・エネルギー効率化へのインセンティブとなり，国民があらためて，エネルギー政策を考える契機となる。
　第3に，市民の対応も，原発推進派と反対派にわかれるが，多くは原発反対派であり，現状では原発停止による電気料金値上げを受忍している。問題はコストの高い原発を，買わされている認識は薄く，原発抑制への決め手が欠落している。
　原発反対運動の高まりも，具体的政策が欠落しており，原発立地への住民投票も，勝利しても拘束力のない諮問的効果しかない。残された手段は，電力消費の抑制であり，自然エネルギーの開発であり，そして具体的な節電への実績にもとづいた，反原発運動である。
　自治体の省エネ・自然エネルギーへの政策推進が，期待されているが，地域振興のような熱気はない。しかし，さいわい民間企業は，太陽光発電をはじめとする，非原発エネルギーへの積極的活動がみられる。
　第4に，より現実的課題は，地方自治体の原発立地への対応であるが，福島原発事故以後も，大局的な流れは，原発立地自治体は推進，非原発立地自治体は反対という，図式が形成されつつあるが，なぜこのような摩訶不思議な対応となったのかである。

原発立地自治体は，なぜ原発再稼動をすすめようとするのか

　福島第一原発事故後も，原発立地自治体が，なぜ原発再稼動をすすめようとしているのか，原発立地自治体の政策決定の深層を，探らなければならない。原発論争を展開しても，机上演習的な空論となり，実効性のある，結論を導き出すことはできない。

　ただ原発立地自治体は概して，財政力からみて貧困団体であるとされているが，地方財政統計には反映されない電源立地交付金があり，もはや貧困団体ではない。

　非原発立地自治体の大都市圏自治体などは，富裕団体とみなされているが，交付税の財政調整効果は徹底しており，制度的には，財政力 1.00 以下の自治体は，全部おなじ財政力である。

　では大都市圏自治体は，どうして原発誘致をしないのかであるが，背景には，原発立地の賛成・反対にかかわらず，原発は危険であり，事故を考えると，被害は甚大であり，大都市圏の富裕団体は，そこまでして原発誘致はしたくない。

　しかし，富裕団体化した原発立地自治体が，原発の危険性を覚悟で原発を容認しているのは，安全審査などの原発財政需要がおおいからでなく，財政運営上の財源的メリット，すなわち原発財源が，潜在的理由である。

　もっとも財政力格差は，平準化されたが，地域経済格差は，現在も解消されておらず，立地自治体は，地域経済浮上のため原発を経済振興の手段として活用していこうとしている。

　しかし，40 年以上も，原発を起爆剤として地域振興をしてきたが，その効果は予想したほどではない。現実をみれば，原発による経済

浮上という振興戦略は，見直すべき転機を迎えているのではないか。

　地域経済格差は，東京一極集中という国土構造メカニズムが原因であり，個別自治体が，地域振興策を展開しても，格差解消はできない。しかも原発マネーで少しは，地域も潤うが，一過性の繁栄に過ぎなく，原発事故を考えると，地域共生は無理である。

　それでも自治体の原発誘致・反対における施策選択で，地方財政における原発立地の財政的優遇措置は，きわめて大きな影響をあたえている。この原発立地交付金などは，原発施策決定の大きな要素となっているが，実態を整理しなければならない。

　注目されるのは，原発事故後の原発立地自治体の対応である。福島第一原発事故後も，原発の新設・原発再稼動を，期待する原発立地自治体がある一方で，原発立地自治体で，福島県のように原発立地・再稼動を，断念する自治体もある。

　原発立地自治体（表1参照）は，12道県であるが，核燃料再処理の施設が，青森県六ヶ所村・茨城県大洗町村にあるが，特定道県に集中している。ただ貧困団体のみでなく，福島・茨城・静岡県は，比較的富裕であった。

　まして今日では原発立地団体は，地方税水準で全国平均より高く，市町村では数倍であり，財政力指数も1.0をこす，全国屈指の富裕団体である。しかも財政力指数に反映されない，巨額の電源立地交付金にめぐまれている。

　原発神話崩壊，原発立地自治体の富裕化という，新しい状況をふまえて，自治体にとって，原発とは何であったのか，どう原発と向かいあってきたのか。主として地方財政の原発関連財政措置に焦点を絞って，地方自治体にどのような影響をあたえたか，追跡してみよう。

I 原発財源と原発立地促進効果

表 1 原子力発電所の建設状況

発電所名（設備番号）	所在地	認可出力（万kw）	許可年月
泊(第1〜3号)	北海道泊村	207.0	84〜03
東通原子力(1号)	青森県東通村	110.0	98
女川原子力(第1〜3号)	宮城県女川町	217.4	70〜96
福島第1原子力(第1〜6号)	福島県双葉町	487.6	66〜72
福島第2原子力(第1〜4号)	福島県楢葉町	440	74〜80
東海第二原発	茨城県東海村	110	72
柏崎刈羽原子力(第1〜7号)	新潟県柏崎刈羽	821.2	77〜91
浜岡原子力(第3〜5号)	静岡県御前崎市	350.4	81〜98
志賀原子力(第1・2号)	石川県志賀町	174.6	81〜98
敦賀原発(第1・2号)	福井県敦賀市	151.7	66〜82
美浜原子力(第1〜3号)	福井県美浜町	166.6	81〜72
高浜原発(第1〜4号)	福井県高浜町	339.2	69〜80
大飯原発(第1〜4号)	福井県おおい町	471.0	72〜87
島根原発(第1・2号)	島根県松江市	128.0	69〜83
伊方原発(第1〜3号)	愛媛県伊方町	202.2	72〜86
玄海原発(第1〜4号)	佐賀県玄海町	347.8	70〜84
川内原発(第1・2号)	鹿児島県川内市	178.0	77〜80
合　　計		4,888.4	

資料　資源エネルギー庁『電源立地制度の概要』

2　電源三法と電源立地交付金

電源立地交付金の特徴

　自治体が，原発立地を選択するか，拒否するかにおける，重要なキーポイントをにぎっているのが，電源立地交付金で，その財源的魅力が，立地自治体の原発容認の促進剤となった。

　電源立地交付金の特徴は，巨額の国策遂行型補助金であり，地方自治体の政策選択を，誘導するインセンティブとしての役割を託されていることである。

　戦前・戦後をとわず，政府が国策遂行のため，巨額の特例的財政支援を立案し，補助金を投入し，自治体の協力をひきだし，さらに促進への財源を，多角的累積的に投入してきた。

　戦後では，新産業都市をはじめとする，工場立地への財政奨励策が典型的事例である。現在，積極的地域開発支援としては，新産業都市・工業誘導地域・低開発地域・過疎地域措置など，無数の奨励・振興支援が，地方財政に組み込まれている。地方税減免・交付税・地方債など，三位一体的で複雑な財政支援システムが定着している。

　しかし，一般的に地域開発支援との対比で，電源立地交付金の特徴をみると，第1に，通常の開発補助は，一般財源ベースであるが，電源立地交付金は，電源立地促進税という特別税方式であり，ガソリン税と同様に，事業促進への有効な機能を発揮している。

　財源負担は，電気料金であるが，特別税であるため，毎年，一定

の財源が確保され，しかも必ず支出しなければならないシステムである。そのため立地自治体の財政力とか，財政需要とかに関係なく交付され，立地自治体に潤沢な財源給付を確約している。

第2に，地域開発支援が，全国的に財政力などを考慮して財政支出に対応して，補助金・交付税・地方債の優遇措置という，総合的支援システムであるが，電源立地促進対策交付金は，原発財政需要と関係なく交付され，少なくとも町村では財政需要をはるかに上回っている。

しかも発電に応じて財源が確保されるので，原発立地自治体に財源還元される方式である。そのため人口1万人前後の町村に，毎年10億円もの交付金が支給される，破天荒ともいうべき財源給付であり，当該立地町村が，富裕団体化が確実視された。

第3に，無視できないのは，政府は，電気料金を賦課基準とする，電源開発促進税を創設したが，負担・受益の関係は，曖昧である。負担とは，原発と危険物との共生を余儀なくされた，地域社会の苦痛であり，一方，受益とは原発による電力消費地の恩恵である。

しかし，この関係は逆転しても考えられる。受益とは，今日では原発立地自治体への迷惑料とか，"恐怖の報酬"としての原発交付金であり，負担とは原子力発電消費者の電気料金の割増追加負担である。

いずれにしても特別税における不可欠な要素である，受益者負担の関係は，電源立地促進税では，作為的な机上演習の産物であり，特別税として肥大化し，運用での逸脱がみられた。

第4に，本来，電力会社と地元自治体が，個別に契約を締結して，負担金として電力会社が支払うべきである。電気料金へ転嫁し，目

的税として徴収し，交付金で還元という，迂回方式を採用したため，特別税の運用において，国庫では特別会計で放漫な予算支出がなされ，地方財政では，需要以上の財源交付となり，財政の膨張をきたしている。

戦前，自治体は，電気・ガス・交通企業と，個別に報償契約を結び，報酬金の納付方式で特別負担金を徴収し，交通企業などでは，別途，道路整備負担金を賦課していった。

電源立地交付金では，原発立地でどのような追加・特別財政需要が発生したのか，また危険物への精神的苦痛の慰謝料がどの程度かが不明のまま，交付金だけが膨張していった。しかも原価方式の電気料金に算入させていけば，電力会社も自腹を切ることはない。

第5に，政府のエネルギー政策予算でみると，2011年度の電力会社が，納入した電源開発促進税3,314億円で，電源立地自治体への交付金は，道県833.4億円，市126.5億円　町村245.7億円の合計1,205.6億円が交付されている。

しかし，残余の約2,000億円は，原発のための調査・研究費とかに充当され，中央省庁の貴重で豊富な原発推進財源となっている。

電源立地促進税は，曖昧な要素を秘めたまま，国庫では特定官庁の特定財源として既得財源化していき，地方財政では，電源立地交付金は，事業補助金とことなり，特別交付税のよな一般財源化していき，立地自治体財政の深層にまで浸透していった。

このような国策施策遂行型の政府財政支援は，軍事基地交付金・産炭地域振興交付金・石油貯蔵施設立地対策等交付金など多数あるが，運営において政治的要素もからみ，杜撰な交付基準で処理されている。しかも電源立地交付金は，巨額であり，交付基準もルーズであり，結果として立地自治体の地方財政規律を劣化させ，財政膨

張への刺激剤となっている。

　これら特定交付金をみると，第1に，電源立地交付金と同類の交付金が，やはり迷惑施設としての軍事基地交付金（特定防衛施設周辺整備調整交付金）で，2011年度市町村のみで204.2億円（市126.99億円，町村77.16億円）で，米軍のみでなく，日本の自衛隊の施設も対象となる。ただこれらの基地交付金は，地方自治体サイドの選択余地はなく，既成事実として基地は存在している。

　要するに公的施設に対して，自治体は地方税賦課もできず，さりとて企業のように租税負担もしないので，財源的魅力はないので，迷惑料というより，財源補填措置といえる。同様の交付金は，国有提供施設等所在市町村助成交付（2011年度335.40億円）がある。

　第2に，石油貯蔵施設立地対策等交付金（2011年度55.10億円）があげられる。この貯蔵交付金は，固定資産税ははいるが，雇用創出効果はほとんどなく，災害時には被害拡大要因ともなるので，迷惑施設として固定資産税の超過課税といった財源措置といえる。

　第3に，かつて産炭地域への財政支援は，今後，原発廃炉が決定された地域について，同様の地域振興優遇措置が，政府財政支援として導入される，可能性がある。しかし，北海道夕張市のように小規模団体に，困難な地域振興を，負担させるようなことがあってはならない。

　なおこれらの政府財政支援は，制度的な交付金とはべつに，周辺施設整備などの名目で，特定補助金が措置されるケースが多い。たとえば沖縄振興補助のように，特定地域・特定目的の補助金が，追加・付随的財政支援としてなされている。これら交付金・補助金は，国策遂行のための財源措置であり，国益優先の運用がなされる。

電源立地交付金の実態

さて電源立地交付金の実態は、あまり明確でない。1974年に制定された電源三法とは、①電力会社が、電気料金に上乗せして、税金（電源開発促進税）を徴収する「電源開発促進税法」（法律第47号）、②電源開発促進税を歳入として運用する特別会計を設定した「特別会計に関する法律」（法律第80号）、③特別会計から電源施設立地自治体・周辺自治体に交付金を交付する「発電用施設周辺地域整備法」（法律第78号）の三法である。

電源開発促進税（販売電気1,000ｋｗｈあたり375円）は、電力会社から政府一般会計に納入され、エネルギー対策特別会計（電源利用対策1ｋｗｈ18.5銭,電源立地対策1ｋｗｈ19.0銭）で管理運用（電源開発促進勘定として電源利用対策・電源立地対策に区分されている）され、電源立地地域対策交付金・電源立地等推進対策交付金・電源地域振興促進事業費補助金として支出される。

電源開発促進税（表2参照）は、発電量が増加すると、増収となり、35年間で11.80倍に膨張している。立地自治体への交付金も、35年間で14.35倍に激増している。

しかし、電源開発促進税のうち、電源立地自治体に交付される財源は一部であり、あとの財源は、原発力推進の研究費などに充当されている。電源立地促進を口実にして、政府がより巨額の原発推進財源を捻出している。

要するに政府は、特別会計という独自の財源を駆使し、原発推進へのかけがえのない財源とし、原発複合体の貴重な資金源に変質させている。電源開発促進税の趣旨からいえば、全額電源立地交付金

表2　電源開発促進税収と電源立地対策費　　　　　　　　（単位：百万円）

年　　度	1975年	1980年	1990年	2000年	2005年	2010年
販売電気（百万ｋｗｈ）	348,250	439,681	657,848	843,430	897,412	931,832
電源開発促進税収	29,601	100,577	292,938	375,454	360,822	349,437
電源立地対策費（予算）	22,881	41,414	160,983	225,097	186,248	163,825
（決　算）	9,937	24,836	101,552	147,334	153,103	142,628

出典　国会国立図書館『原発立地自治体の財政・経済問題』ISSUE　BRIEF　NUMBER　767（2013.1.29）3頁。

として，電源立地自治体に還元されるべきである。

　電源立地促進対策交付金は，財団法人電源地域振興センターの報告書（2002年）では，その発展段階は，「立地貢献期」（70年代），「多様化期」（80年代），「目的転換期」（90年代以降）に区分している。

　なお電源三法は，2003年に全面改正がなされ，旧法では道路・公共施設などの，公共投資に限定されていたが，交付対象も関連調査・対策費などの行政費などにも拡大され，交付時期も，環境アセスメントの時点という，建設立地以前，また30年をこえる老朽施設も対象となった。

　第1に，電源三法は，どうしてできたのか，73年の石油ショックで，火力発電では，コスト高で，電気供給に不安があり，原子力発電へと，政府にエネルギー政策は，大きく転換された。当時の田中角栄首相・中曽根康弘通産相，福田赳夫蔵相のコンビで，1974年に創設された。

　このような巨額の優遇措置で，しかも特別税で特別会計方式という，融通性のあるシステム導入したのは，原子力発電の促進は，原発の安全性・装置産業の雇用効果などに不安があったからである。[7]

　要するに電源三法の制定理由は，農漁業関係者にとって，生活基

盤たる土地・海の汚染は，金銭補償ではかえられないという心情，また発電する電力が，都市部へ送電されるという，心理的抵抗もあった。[8] なによりの原発事故への不安は，当時でも，原発立地をめぐって，住民反対運動のエネルギー源であった。

電源三法についての疑問

電源三法について，疑問を呈すると，第1に，「電源開発促進税」は，受益者負担金ないし，原因者負担金的な色彩をもつ，目的税と考えられているが，受益と負担の関係は，ガソリン税のように直接的明確さはない。

ガソリン税が道路建設を，都市計画税が都市整備を，下水道負担金が下水道を促進させていったが，電源立地促進税が，原発建設を促進させていった。ただ消費税のように電気料金の外書として明示・区分されないので，酒税のように消費者は，電源立地促進税の痛みを，感じることなく，電気料金を支払っている。

電源立地促進税は，電力会社と中央官庁で決められ，国会の関与やマスコミの関心も薄く，財源は特殊利害関係者で配分されている状況にある。基本的には受益・負担が直接的連動しないので，制度的にいくらでも膨張をする，欠陥システムである。

第2に，電源立地市町村などには，固定資産税など巨額の地方税が支払われるので，誘致合戦も展開されている。立地について，追加的優遇措置をせずとも，立地は必ずしも不可能でなかったが，原子力発電推進への政府方針は，加速度的立地を求めたため，電源立地交付金という追加的措置となった。

原発を拙速的に増設していくという，政府のエネルギー政策の要

請に応えた特別税であり，もし原発の危険性を配慮して，段階的に整備していく方針であれば，開発事業への総合的支援整備とか，石油貯蔵施設立地対策交付金（2011年度60.24億円）とかの対応でも，原発立地は進展したであろう。

　要するに危険な施設であることを，政府・電力会社も内心は抱いていたので，それ故に交付金を奮発しなければ，原発立地はすすまないという不安があったのであろう。

　第3に，発電量で徴収・配分されるが，電源立地需要との関係は，きわめて曖昧であり，当初は，立地自治体の公共施設建設費へ充当され，新産都市などの産業基盤整備振興策と同類であったが，果たして立地自治体の財政需要と，対応していたか疑問であった。

　今日では原子力発電がストップしても，電源立地促進税は徴収され，特別会計で運用され，政府サイドの交付金の濫費を誘発した。

　第4に，整備計画の作成・承認の手続き，整備計画の内容，整備計画の対象である。市町村長は知事への陳述のみでなり，住民は計画を知り，意見をいう手続き保障はない。

　なによりも公共施設に限定していたが，その範囲を行政サービスにまでひろげていったが，問題の解決にはなっておらず，特別交付税のように立地自治体の財源補填財源と化している。

　電源立地交付金は，制度的にも運用的にもおおくの難点をかかえて誕生したが，やがて細分化と総合化が，繰り替えされていった。交付金の原発施設への建設前からの早期支給，老朽化施設への長期支給であった。

　また交付金の支給対象の拡大として周辺地域への支給，地域経済への振興費への支給，立地地域の電気料金割引，公共投資以外への

交付金充当といった,原発対策への組み換えがあった。基本的には,官庁・電力会社による立地自治体・地域社会の包摂であった。

　現在では電源開発促進税に関する交付金は,電源立地地域対策交付金と電源立地等促進対策交付金などに区分されているが,前者が圧倒的に大きな比率をしめている。

個別交付金の性格・内容

　個別交付金の性格・内容（**表3参照**）をみると,第1に,当初は,電源立地促進対策交付金のみであったが,その後,原発立地を促進するため,多くの特例的交付金が設置されたが,2004年には,特例的交付金が,電源立地地域対策交付金に統合された。

　すなわち電源立地等初期対策交付金・電源立地促進対策交付金・原子力発電施設等周辺地域対策交付金・電力移出県等交付金・水力発電施設周辺地域交付金・原子力発電施設等立地地域長期発展対策交付金相当分となったが,要するに名称は統合化されたが,交付基準・細目はそのままであった。

　第2に,電源立地促進対策交付金は,電源立地の原型であり,当初,公共投資に限定されていたのは,原発の見返りを住民に実感として印象づけるためであったが,原発立地自治体の財政膨張・硬直化の元凶と化していった。

　第3に,電源立地等初期対策交付金は,原発立地計画が確定すると,原発稼動前から交付金が支給されるシステムであり,原発建設を円滑化するための担保金といえる。

　第4に,97年には,古い原発ほど交付金が増加される「原子力発電施設等立地地域長期発展対策交付金」が創設された。さらに08年

度から「核燃料リサイクル交付金」が新設されたが，ウラン混合物燃料をつかった，プルサーマル運転にともなう交付金である。

第5に，81年度から電源立地特別交付金が，新設された。原子

表3　原子力発電立地交付金の概要（2010年度交付金予算額）

区　分	内　容
原子力発電施設電源立地促進対策交付金	（1,029億円）
電源立地等初期対策交付金相当分	原発立地地方団体に，初期・稼動期・後期稼動期と支給（55億円）
電源立地促進対策交付金相当分	原発立地市町村・隣接市町村に工事開始から運営開始5年後まで交付（182億円）
原子力発電施設等周辺地域対策交付金相当分	原子力発電所が所在する市町村および隣接市町村を域内に有する都道府県に，着工から運転終了まで交付（301億円）
電力移出県等交付金相当分	都道府県内の発電電力量が当該都道府県内の消費量が1.5倍以上，かつ誘導地域面積の和が当該都道府県の総面積の50%以上の都道府県に，着工翌年から運転終了まで交付（306億円）
原子力発電施設等立地地域長期発展対策交付金相当分	原子力発電所が所在する市町村に運転開始翌年から運転終了まで，使用済核燃料税に貯蔵量に応じて交付（186億円）
電源立地等推進対策交付金	（75億円）
原子力発電施設立地地域共生交付金	運転年数が30年を越える原子力発電所が所在する都道府県に，1発電所あたり25億円を交付（12億円）
核燃料リサイクル交付金	平成20年度までにプルサーマル・平成22年度までに中間貯蔵施設・核燃料リサイクル施設設置に同意した都道府県に1原子力発電所につき60億円を交付（41億円）
原子力発電施設等立地特別交付金	原子力発電所の設置・運転円滑化が特に必要な都道府県・市町村に，1つの地域振興政策につき原則として25億円交付（10億円）
広報・安全等対策交付金	原子力発電所施設等が設置され，また設置予定の市町村を区域内にふくむ都道府県等の広報・安全対策等に交付（12億円）
電源地域振興促進事業費補助金	（76億円）
電源地域振興促進事業費補助金	原子力発電施設等の周辺地域における立地企業への電気料金の割引措置と補助，電源地域の産業関連施設等の整備事業への補助（76億円）

資料　資源エネルギー庁『電源立地制度の概要』

力発電施設等周辺地域交付金で，原発立地地域の住民・企業に対する料金割引制度であり，県への交付金が，財団法人日本立地センターをとおして電力会社へ給付され，需要家の電気料金が差し引きれる仕組みとなっている。

第6に，電力移出県等交付金は，原電立地地域が，必ずしも大規模な雇用創出をもたらさないことから，立地都道府県に対して企業誘致資金として交付するもので，隣接府県の市町村についても交付できるシステムになっている。

なお水力発電施設周辺地域交付金（2010年度68億円）は，原子力交付金と同様の発想で設置され，水力発電立地地域への利益還元がなされた。

第8に，1985年，電源地域産業育成支援補助金が創設され，原子力発電所立地地域・周辺地域への企業誘致対策が導入された。さきの電力移出県等交付金と同様に，原発の雇用効果が小さいことから，地域産業振興への財源的支援強化であった。

電源立地地域対策交付金は，電源立地自治体の原発財政需要を補填するという，促進税の創設当初の機能から，原発促進のための地域対策費として，交付対象を拡大していった。

要するに周辺地域・分野への補助金をも，交付金が一括して分担しており，さまざまの補助金に組み換えられ，原発立地自治体に投入され，地域社会の底辺まで浸透していった。[9]これらの電源立地促進対策交付金の細分化は，あきらかに原発反対への交付金による包囲網の再編成であった。[10]

原発立地交付金は，原発立地自治体への財源保障として，交付金が増額されただけでなく，立地同意をめざして，計画段階から交付

し，長期安定財源としてのシステムを成熟させていった。

『電源立地制度の概要』（資源エネルギー庁）によると，電源立地交付金の特徴は，建設前から交付され，建設後の長期にわたって交付される。試算は有名で周知の事例（**表4参照**）であるが，出力135円kwの原発が，建設される場合，資源エネルギー庁の試算では，建設費用約4,500億円，建設期間7年，運転開始10年前から，

表4　原子力発電所への交付金年次給付システム　　　　　（単位；億円）

年次	初期	促進	周辺	移出	発展	計	年次	周辺	移出	発展	共生	計
1	5.2	—	—	—	—	5.2	24	11.7	6.0	3.0	—	20.7
2	5.2	—	—	—	—	5.2	25	11.7	6.0	3.0	—	20.7
3	5.2	—	—	—	—	5.2	26	11.7	6.0	4.5	—	22.2
4	5.2	20.3	39.0	10.0	—	74.5	27	11.7	6.0	4.5	—	22.2
5	5.2	20.3	39.0	13.0	—	77.5	28	11.7	6.0	4.5	—	22.2
6	5.2	20.3	39.0	13.0	—	77.5	29	11.7	6.0	4.5	—	22.2
7	5.2	20.3	39.0	13.0	—	61.9	30	11.7	6.0	4.5	—	22.2
8	5.2	20.3	39.0	13.0	—	61.9	31	11.7	6.0	4.5	—	22.2
9	5.2	20.3	39.0	3.0	—	40.2	32	11.7	6.0	4.5	—	22.2
10	5.2	20.3	39.0	3.0	—	40.2	33	11.7	6.0	4.5	—	22.2
11	—	—	11.7	3.0	—	16.7	34	11.7	6.0	4.5	—	22.2
12	—	—	11.7	6.0	3.0	20.7	35	11.7	6.0	4.5	—	22.2
13	—	—	11.7	6.0	3.0	20.7	36	11.7	6.0	4.5	—	22.2
14	—	—	11.7	6.0	3.0	20.7	37	11.7	6.0	4.5	—	22.2
15	—	—	11.7	6.0	3.0	20.7	38	11.7	6.0	4.5	—	22.2
16	—	—	11.7	6.0	3.0	20.7	39	11.7	6.0	4.5	—	22.2
17	—	—	11.7	6.0	3.0	20.7	40	11.7	6.0	6.92	5.0	29.62
18	—	—	11.7	6.0	3.0	20.7	41	11.7	6.0	6.92	5.0	29.62
19	—	—	11.7	6.0	3.0	20.7	42	11.7	6.0	6.92	5.0	29.62
20	—	—	11.7	6.0	3.0	20.7	43	11.7	6.0	6.92	5.0	29.62
21	—	—	11.7	6.0	3.0	20.7	44	11.7	6.0	6.92	5.0	29.62
22	—	—	11.7	6.0	3.0	20.7	45	11.7	6.0	6.92	5.0	29.62
23	—	—	11.7	6.0	3.0	20.7						

出典　資源エネルギー庁『電源立地制度の概要』（2010年3月）3・4頁。

10年間で391億円，運転開始後10年間で，固定資産税収入もふくめて計502億円と積算されている。

第1に，電源立地等初期対策交付金相当分が，環境影響評価開始の翌年度から，交付され，4年目に着工されても，10年まで6年間は支給され，結局，10年間となる。

第2に，原子力発電所が着工されると，電源立地促進対策交付金相当分・原子力発電施設等周辺地域対策交付金相当分・電力移出県等交付金相当分が交付され，支給額は，74.5億円と一挙に激増する。

合計約1,240億円が45年間で交付されるシステムで，年平均27.5億円で，立地道県・市町村で折半すると，約14億円となり，原則人口1,000人の町村でも，人口545万人の北海道でも同じように機械的に配分である。

交付金は，交付対象も拡大されていった。第1に，その仕組みは，「電源開発促進税」という目的税を設定する，特別会計方式で財源をプールする，交付金方式で，補助金のように基準に拘束されないし，事業化との連動性も薄いという，奨励措置として，使い勝手の良さがあった。

第2に，「電源開発促進税」は，当初は迷惑料であったが，やがて地域振興を，名目にして増殖していった。それは農業補助が，利権団体・推進機関によって，自己肥大化がすすだのと同様である。電源立地促進対策交付金も，変貌していった。

まず79年スリーマイル島原発事故があり，原発立地が，すすまないようになると，電源開発促進税の特別会計の資金が余りだした。そこで電源開発促進対策特別会計を改正して，高速増殖炉開発にも充当できるよう，電源立地勘定にくわえて，電源多様化勘定が追加

された。

　しかし，本来，電源立地促進対策のための財源を，原子力開発に充当するのは，あきらかに目的外使用であり，国会では，立法趣旨からみて，脱法的変更であるとの批判があった。[11]しかし，特別税・特別会計というシステムであるため，増税しないのであれば，大きな抵抗はなく，変更がまかり通ってしまった。

　第3に，「目的転換期」は，03年に大規模な改正が行われて，交付対象が，従来の基盤整備・公共施設から，労働力育成・地域福祉向上など，ハードからソフトへのシフトがみられ，要するに何でもありの状態になった。

　電源交付金は，ますます使い勝手がよくなり，立地自治体の電源交付金への要求をエスカレートとさせていった。もはや補助金・交付金でなく，立地自治体の財政を，下支えする交付税化していった。

　これら交付金システムは，すべて原子力発電の建設促進のための支出となっており，省エネ・自然エネルギーの施設建設促進のための支出ではない。自然エネルギー買取制度があるが，自治体が独自でエネルギー施策を促進するための交付金も不可欠である。

　したがって原発対抗策として，自然エネルギー発電を，促進していくには，電源開発促進税を組み換えて，省エネ・自然エネルギー促進交付金を，割り込ます改革が不可欠といえる。

3　電源立地交付金の拡充・浸透

　電源立地交付金は，制度としても複雑で，多彩な交付金に分割され，その実態は表面的な支出額では実態はわからない。さらに原発立地自治体に交付された交付金が，どう配分され，どう支出されていったかは，立地自治体の運用実績を，追跡しなければ判明しない。

電源立地交付金の運用実績〈福井県〉

　第1の事例として，福井県をみると，第1に交付金の内訳(**表5参照**)は，37年間の累計で，電源立地地域対策交付金2,923億円と79.72％と，大半を占めている。安全対策費とか，などはすくなく，総計3,666億円，年間99.01億円となる。

　第2に，地方団体別の内訳は，福井県1,906億円，52.00％と半分以上で，市町村1,745億円，47.61％，その他14億円，0.39％である。福井県で年間51.51億円となり，中間年次を2001年とすると，交付金は県税1,185億円の4.35％，国庫支出金1,118億円の4.61％に過ぎない。しかし，2000年の核燃料税35.4億円を加算すると，県税の7.33％，国庫支出金の0.77％となる。

　第3に，交付金の内訳は，主力は電源立地促進対策交付金であり，財政支援としての支給金であり，あとは原子力技術研究費と地域振興費である。原発立地が，必ずしも地域振興効果は，すぐれていない装置産業であり，脱原発のためには企業誘致・地場産業育成など

の産業関連費を，拡充すべきである。

第4に，年次推移をみると，1997年度92.99億円，2002年度142.83億円，2007年度205.23億円と，順調に伸びてきた。しかし，2008年度以降は横ばいである。1974～2011年度まで総額3,666億円，内訳県1,906億円，市町村1,745億円，その他14億円である。

表5　福井県電源三法交付金等実績（昭和1974～2011）　　（単位：百万円）

交付金区分	金額	交付金区分	金額
電源立地地域対策交付金　計	291,093	放射線利用・原子力基盤技術研究推進付金	6,454
電源立地促進対策交付金	75,198	リサイクル研究開発促進交付金	5,284
原子力発電施設等周辺地域対策交付金	52,172	原子力発電施設等立地地域特別交付	9,994
電力移出県等交付金	95,435	高速増殖炉サイクル技術研究開発推進交付金	3,900
水力発電施設周辺地域交付金	3,373	原子力発電施設等立地地域共生交付金	1,607
原子力発電施設等立地地域長期発展対策交付金	54,760	核燃料サイクル交付金	939
		原子力・エネルギー教育支援交付金	338
電源立地等初期対策交付金	1,133	原子力施設等防災対策等交付金　計	21,869
重要電源等立地対策補助金	370	放射線監視等交付金	13,382
電源等立地地域温排水等対策費補助金	263	原子力発電施設緊急時安全対策交付金	8,4877
要対策重要電源立地推進対策交付金	400	電源立地等推進対策補助金	16,750
その他	5,326	電源地域産業育成支援補助金(法人事業分)	1,335
電源地域産業育成支援補助金（県事業・市町村事業）	3,696	特別電源所在県科学技術振興事業補助金	10,208
		電源地域振興促進事業補助金	5,207
電源立地等推進対策交付金　計	31,247	その他	5,119
広報・安全等対策交付金	1,293	原子力発電安全対策等委託費	532
温排水影響調査交付金	389	総合計	366,610
原子力広報研修施設設置補助金	884	市町村分	174,542
整備計画作成等交付金	14	県分（うち周辺地域交付金）	190,636
交付金事務交付金	171	その他	1,431

資料　福井県

第5に，個別市町村の配分（表6参照）をみると，敦賀市など原発立地団体が，1,385億円，79.37％と，8割を占めている。ついで原発立地に近接する嶺南地域198億円，11.36％，その他市町村

43

表6 福井県電源三法交付金等団体別実績（昭和1974〜2011）(単位:百万円)

交付金区分	金額	交付金区分	金額
敦賀市	48,618	越前市（旧武生市）	690
美浜町	22,623	大野市（旧大野市・和泉村）	2,043
高浜町	30,384	勝山市	615
おおい町（旧大飯町）	36,357	福井市（旧美山町）	128
おおい町（旧名田庄村）	547	永平寺町（旧上志比村）	468
原子力発電施設等立地市町村計	138,529	池田町	767
小浜町	6,198	坂井市（旧丸岡町）	63
若狭町（旧三方町）	9,804	その他市町村	16,190
おおい町（旧名田庄村）	3,821	市町村計	174,542
嶺南地域合計	19,824	福井県	190,636
南越前町（旧今庄河野南条町）	7,803	その他	1,432
越前町（旧越前町）	3,613	総合計	366,610

資料　福井県

162億円，9.27％である。

電源立地交付金のうち県交付金をどう配分するか，各道県の裁量余地が大きく，福井県は電源立地市町村に重点的配分し，残余を関係市町村に配分している。

第6に，個別市町村の使途をみると，「核燃料サイクル交付金」（約7.18億円）は，高浜原発でのプルサーマル発電に同意している高浜町へ約6.19億円が交付されている。

また運転開始から30年を超える原発をかかえる道県が対象の「原子力発電施設立地地域共生交付金」（約9.35億円）は，福井県と関係市町村で配分されている。

第7に，使途をみると，電源三法交付金の使途は，きわめて弾力的広範囲に充当されている。福井県大飯町の「道の駅うみんぴあ大飯」など，箱物行政がめだつが，実際は行政全般へ給付されている。

しかも補助事業の裏負担財源として充当されているので，財源効

果は，数倍となる。補助裏財源の豊富な自治体は，補助金をフルに活用で，貧困自治体は，補助裏財源が乏しいので，補助金も利用できないという矛盾が，従来から指摘されてきた。

敦賀市は，1974年以来，2012年までに電源立地交付金486億円が交付されているが，2002年には温泉施設「リラ・ポート」を，事業費36億円（電源交付金24億円）で建設しているが，ごみ処分地・産業団地などの建設投資だけでなく，学校エアコン・おむつ・絵本・ベビーカー，介護タクシークーポン券など，行政サービスにもかなりの支出がみられる。[12]

その他町村をみると，目立つのが，箱物で美浜町・生涯学習センター「なぴあす」（事業費19.2億円，交付金19億円），おおい町・サッカー場「みどりの広場」（事業費5.5億円，交付金4.5億円），高浜町・観光拠点の道の駅「シーサイド高浜」，若狭町・「みかた温泉きららの湯」などである。

福井県では，2012年10月に「原子力災害制圧道路」の建設をきめている。災害発生時における災害救助のための道路整備で，敦賀市・美浜町・おおい町・高浜町を連絡する道路であり，4路線（計15.5Km），事業費422億円（電源三法交付金303億円，関西電力・日本原電119億円）であるが，福井県の一般財源負担はない。[13]

電源立地交付金の運用実績〈福島県〉

第2の事例として，福島県をみると，第1に，項目別配分（**表7参照**）は，制度の変更があるが，電源立地促進対策交付金をベースにして，原子力発電施設等周辺地域対策交付金などで，周辺地域への交付金の散布がなされた。

表7　福島県電源三法交付金累計（1974～2011年）　　　　（単位；百万円）

区　分（1974～2003）		区　分（2004～2011）		合　計
電源立地促進対策交付金	70,481	電源立地促進対策交付金相当分	2,353	72,834
原子力発電施設等周辺地域対策交付金	46,372	原子力発電等周辺地域対策交付金相当分	21,434	67,806
電力移出県等交付金	49,760	電力移出県等交付金	47,000	96,760
水力発電施設周辺地域交付金	8,734	水力発電施設周辺地域交付金相当分	3,885	12,619
※重要電源等立地推進対策補助金	173	重要電源等立地推進対策補助金	0	173
※電源立地等初期対策交付金	255	電源立地等初期対策交付金相当分	5,898	6,153
※要対策重要電源等立地推進対策補助金	878	要対策重要電源等立地推進対策補助金	0	878
原子力発電施設等立地地域長期発展対策交付	12,025	原子力発電施設等立地地域長期発展対策交付金相当分	27,644	39,667
電源地域産業育成支援補助金	1,049	電源地域産業育成支援補助金	6	1,055
合　　　計	189,891	合　　　計	108,220	297,945

注　※項目は，2003年から電源立地交付金に吸収。
資料　福島県『福島県における電源立地促進対策交付金に関係する資料』14・15頁。

　また交付対象事業も，公共投資から行政サービスへと拡充されていき，建設段階での初期交付金・建設後の長期交付金と，時間軸でも拡散され，さらに交付金の産業誘致効果の弱点を補うため，産業育成交付金が創設され，多目的交付金に拡充されていった。

　第2に，電源立地交付金（市町村への国庫電源立地交付金をふくむ）の時系列推移（**表8参照**）をみると，1974年度電源立地促進対策交付金3.54億円でスタートし，翌年には16.20億円，1977年度26.74億円，1978年度38.23億円，1979年45.53億円，1980年58.29億円と，年々，急速に増加していった。

　1981年電源立地促進対策交付金66.20億円以外に，原子力発電施設等周辺地域対策交付金5.67億円，電力移出県等交付金4.00億円，水力発電施設周辺地域交付金2.23億円が新設され，合計78.10億円と33.99％増となる。

　1982年に重要電源立地促進対策交付金0.01億円が新設され，

表 8　福島県電源立地交付金の推移　　　　　　　　　　　　（単位：百万円）

年次	金額	年次	金額	年次	金額
1974	354	1987	3,832	2000	11,355
1975	1,620	1988	3,632	2001	10,266
1976	1,747	1989	4,251	2002	10,363
1977	2,674	1990	5,648	2003	12,020
1978	3,823	1991	6,636	2004	11,986
1979	4,443	1992	7,603	2005	12,752
1980	5,829	1993	6,289	2006	12,625
1981	7,810	1994	7,114	2007	13,896
1982	8,934	1995	8,025	2008	13,973
1983	6,449	1996	7,168	2009	14,488
1984	5,466	1997	9,257	2010	14,371
1985	4,109	1998	11,355	2011	13,116
1986	4,102	1999	11,355	合計	296,895

資料　福島県『福島県における電源立地促進対策交付金に関係する資料』8〜13頁。

総額89.34億円と増加し，1985年には電源立地産業育成支援補助金0.24億円が新設されたが，総額41.09億円と，前年度54.66億円より24.83％低下している。

1995年には要対策重要電源立地推進対策交付金1.00億円が新設され，総額も80.25億円と増加している。1997年には原子力発電施設等立地地域長期発展対策交付金11.16億円が新設され，総額92.56億円と増加し，2009年には144.89億円を記録する。2011年131.16億円と減少し，2011年3月に福島第一原発事故が発生し，2022年度は大幅減収が予想される。

第3に，福島県・市町村の配分（**表9参照**）をみると，合計では福島県35.59％，市町村64.41％（市17.60％，町村46.81％）で，福島県の取分は，全体3分の1である。原発が立地自治体に直接的

表9　2011年福島県電源三法交付金等実績一覧　　　　　　　　（単位；百万円）

区　　　分		県事業	市　　計	町村計	市町村計	合　　計
電源立地促進対策交付金	立地分	―	―	―	―	―
	周辺部	―	54,000	50,000	104,000	104,000
原子力発電施設等周辺地域対策交付金		52,416	1,870,589	636,800	2,507,389	2,559,806
電力移出県等交付金相当分	県事業分	4,654,670	―	―	―	―
	市町村事業		200,558	849,410	1,049,968	1,049,968
水力発電施設周辺地域交付金相当分		―	137,242	328,434	465,676	465,676
原子力発電施設等立地地域長期発展対策交付金相当分		―	―	4,282,183	4,282,183	4,282,183
合　　　計		4,707,087	2,262,489	6,146,826	8,409,216	13,116,303
交付金事務等交付金		4,608	―	―	―	4,608
石油貯蔵施設立地対策等交付金		―	67,739	48,678	116,426	116,426
総　合　計		4,711,695	2,330,128	6,195,514	8,525,642	13,237,337

資料　福島県『福島県における電源立地促進対策交付金に関係する資料』14・15頁。

被害をもたらすので，県配分が少ないのはやむを得ない。ただ原発立地自治体でない市配分が，17.60％と高い比率となっている。

　第4に，個別市町村への配分（**表10参照**）をみると，まず県の配分は3分の1と少ない。市町村では原発立地の4町村が，大きな配分となっているが，隣接市町村のいわき市が，19.6億円の配分であるが，この度の福島第一原発事故の影響は，北西方面の放射能が風向きでながれたので，浪江町などが大きな被害をうけている。むしろ30キロエリア内の市町村に，傾斜配分する方式が，優れていたことになる。

表10　2011年福島県電源三法交付金市町村一覧

（単位：千円）

区　分	電源立地促進対策交付金	原子力発電周辺地域交付金	電力移出県等交付金	水力発電周辺交付金	原子力長期発展交付金	合　計
福島県	—	52,417	4,654,670	—	—	4,707,087
福島市	—	—	4,743	18,413	—	23,156
会津若松市	—	—	8,114	31,500	—	39,614
郡山市	—	—	1,133	4,400	—	5,533
いわき市	54,000	1,804,281	90,631	11,384	—	1,960,296
白河市	—	—	1,000	—	—	1,000
喜多方市	—	—	12,956	50,298	—	63,254
二本松市	—	—	3,207	12,447	—	15,654
田村市	—	11,069	39,412	4,400	—	54,880
南相馬市	—	55,239	39,412	4,400	—	99,001
市　計	54,000	1,870,589	200,558	137,242	—	2,262,389
楢葉町	—	132,734	126,432	4,400	807,165	1,070,731
富岡町	50,000	192,922	171,498	—	755,873	1,170,293
大熊町	—	173,690	193,351	—	1,885,445	2,252,486
双葉町	—	81,695	156,953	—	833,700	1,072,348
広野町	—	31,413	36,551	—	—	67,964
川内村	—	18,512	38,688	4,400	—	61,600
葛尾村	—	5,836	40,708	4,400	—	50,944
その他17町村	50,000	636,802	764,181	13,200	4,282,183	5,746,366
町村計	50,000	636,800	849,410	328,434	4,282,183	6,146,827
市町村計	104,000	2,507,389	1,049,968	465,676	4,282,183	8,409,216
総　計	104,000	2,559,806	5,704,638	465,676	4,282,183	13,116,303

資料　福島県『福島県における電源立地促進対策交付金に関係する資料』16頁。

電源立地交付金の運用実績〈佐賀県玄海原発〉

　第3の事例として，佐賀県玄海原発の事例（**表11参照**）では，1975～2011年度の37年間で813.76億円である。電源三法の「電源立地促進対策交付金」も，交付が細目され，また電源三法以外に

表11　玄海原発の立地に伴う交付金一覧　　　　　　　　　　（単位：千円）

区　　　　分			金　　額	使　　途
電源立地交付金	旧電源立地特別交付金	電力移出県等交付金相当分	22,989,000	発電用施設周辺地域への企業導入・産業改化・福祉対策・公共用施設の整備・維持補修，地域活性化，温排水関係・給付金交付助成など
		原子力発電施設等周辺地域交付金相当分	15,824,000	
	原子力発電施設等立地地域長期発展対策交付金相当分		12,825,000	
	電源立地促進対策交付金相当分		23,944,000	
広報・安全等対策交付金※			713,000	周辺住民への安全対策
原子力発電施設等緊急時安全対策交付金※			243,000	原発施設の防災体制の設備整備
放射線監視等交付金			1,689,000	放射線量の調査
交付金事務等交付金			1,000	放射線監視システムの拡充
環境放射能水準調査委託金※			133,000	原発立地県の原発施設周辺への企業立地給付金
原子力発電施設等周辺地域企業立地支援事業補助			843,000	
核燃料リサイクル交付金			2,167,000	核燃料リサイクルの運転円滑化対策

注　※資料が残っておらず総額でない。
出典　朝日新聞 2013.1.8。

　多くの名目で，原発マネーは交付されている。
　本来の「電源立地促進対策交付金」は，19.37％で，発電した電力を，県外に供給した量におうじて，交付される地域経済振興の「電力移出県等交付金」28.25％，電源立地地域・周辺地域の電気料金の割引に交付される，「原子力発電施設等周辺地域交付金」19.45％，老朽化原発への交付金である「発電施設長期交付金」15.76％と，電源立地促進対策交付金は，立地自治体への財源給付という単純な財政措置が，原発推進への交付金，原発反対への懐柔のための交付金，原発経済効果を拡大させる交付金といった，きわめて施策的意図の濃厚な性格を帯びた，交付金への再編成されていった。
　なおこれ以外に，「原子力発電施設等立地地域特別交付金」があり，唐津赤十字病院移転・新築費25億円（13年度～），西九州道へのアクセス道路整備25億円（14年度～）などの寄付金がある。[14]

電源立地交付金の運用実績〈北海道〉

第4の事例として，北海道では，道議会の質疑にこたえて，北海道当局は，泊原発が運転をはじめた1989年から2009年までの21年間における，北海道庁と地元4町村への原発関連交付金・税収（固定資産税）などの合計額が提示された。

総額は，約959億円と集計されているが，税収には核燃料税・固定資産税が算入されている。交付金は，北海道88億円，町村232億円と，北海道が27.5％である。原発立地自治体の泊村だけでなく，周辺3町村にも配付され，泊53.99％，その他46.01％とかなりの額が交付されている。

泊村では交付金125億円に対して，固定資産税421億円と，固定資産税が77.11％をしめている。泊村の21年間の歳入総額約961億円のうち，電源三法交付金・固定資産税の比率は57％である。

これら交付金がどう配分され，どう使用されたか，北海道の2010年道立地促進対策交付金（**表12参照**）をみると，道庁5億9,222万円（29.47％），市町村14億2,666万円（70.53％）で，市町村への配分が，道庁の2倍以上である。

配分状況をみると，第1に，電源立地地域対策交付金は，地域活性化事業，福祉対策事業，公共施設整備事業に区分されているが，ハード・ソフトのいずれでも可能であり，電源立地地域対策と関係なく，道庁の一般行政費補助といっても過言でない。

ただ北海道庁の事業として，「省エネ・新エネ行動計画」など，一連の非原子力事業への対応策が計上されているのは，原発促進交付金で，自然エネルギー開発を促進させる，革新的試みとして評価

表12　北海道2010年電源立地地域対策交付金配分の内訳　　（単位：千円）

事業名	事業主体	交付金額	事業名	事業主体	交付金額
低酸素社会ビジョン	北海道	13,668	美術館補修・基金造成	岩内町	152,419
省エネ・新エネ行動計画	北海道	645	観光振興ビジョン策定	伊達市	3,985
企業立地促進補助金	北海道	198,370	街灯設置事業	壮瞥町	3,200
クレジット等普及事業	北海道	6,310	自治会会館整備事業	平安町	2,000
省エネ・新エネ「見える化」事業	北海道	416	町民センター整備事業	美瑛町	4,600
産学連携低酸素化技術事業	北海道	88,433	食フェア補助事業	苫小牧市	1,000
地域エネルギー産業促進事業	北海道	87,255	たきかわカルタ制作事業	滝川市	649
エネルギー「一村一炭素おとし」事業	北海道	197,125	まちづくり講演会委託事業	富良野市	198
知内町特産品マーケティング事業	知内町	3,139	ふくがわ氷雪まつり補助	深川市	3,410
全国スキージュニア大会補助	歌志内市	408	坂本竜馬肖像画修復委託事業	浦臼町	426
広報活動車購入事業	釧路市	2,743	商店街活性化事業補助	苫小牧市	4,100
地域活性化イベント事業支援	知内町	3,000	防災行政放送設備事業	神恵内村	60,000
原子力立地給付金交付事業	電源振興	105,952	フラワーガーデン推進事業	利尻富士町	100
ごみ収集車	栗山町	5,082	ナマコ稚児放流事業	福島町	2,936
バス購入	東神楽町	4,658	町営ラベンダー園ベンチ購入	中富良野町	189
「共和かかし祭」魅力向上	共和町	6,500	羊ふれあい体験事業	上砂川町	100
はしご車整備事業	札幌市	22,412	公営病院・診療所運営補助	15町村	341,236
健康づくり事業	新十津川町	429	保育所運営補助	29町村	271,885
博物館人件費補助	上士幌町	4,000	小中学校整備・運営補助	11町村	63,910
テレビ難視聴対策	福島町	2,936	道路整備事業補助	10町村	146,215
漁業会館維持・基金造成	神恵内村	65,000	公園緑地整備事業	7町村	46,414
産業振興補助支援	室蘭市	14,877	公共施設補修・運営費	12町村	55,529
地域活性化事業補助	利尻町	132	農地改善事業	2町村	7,119
町民センター映像設備補助民	美瑛町	4,600	老人福祉センター	岩内町	4,818
温泉施設整備事業補助	赤平町	426	その他事務事業	2町村	3,739
コミュニティセンター補修費他	東川町	3,328	合計		2,022,021

資料　北海道庁

できる。

　第2に，交付金配分規則があっても，現実には富裕・貧困団体に関係なく交付され，10万円の学校器具費補助から1億円以上の事業費補助までさまざまである。内容的に道路事業より，病院経営補助・保育所運営費補助が大きな比重をしめている。

第3に，配分実績をみると，泊村より隣接の岩内町，周辺の神恵内村に巨額の交付金が交付されているが，隣接の共和町には少額の交付金である。また札幌市にも交付されているが，地理的にもかなり遠隔地で，配分基準が見出しがたい。

　これほど多くの市町村に配分すると，電源立地交付金の目的とか機能が空洞化してしまい。さらに市町村の財源調整措置として配分されているのでもなく，内容もさまざまで，北海道庁の道市町村補助金の別働隊といった感じがする。

電源立地交付金の運用実績〈鹿児島県川内市〉

　第5の事例として，鹿児島県川内市をみると，交付金の具体的充当事務事業（表13参照）はいわゆる箱物行政よりむしろ施設の維持運営費の充当されている。

　実態からみればなんでもありで，震災特別交付税のように，原発特別交付税ともいえ，原発安全対策・原発事故対応経費などは，ほとんど計上されていない。せめて財政運営の安定性のための基金造成費の繰出金もない。

電源立地交付金の運用実績〈茨城県東海村〉

　第6の事例として，茨城県東海村の充当事務事業（表14参照）も，原子力発電所への安全審査とか原子力発電への安全性教育といった，関連経費への支出はほとんどなく，公共施設の維持運営費・職員人件費などに充当されいるが，維持運営費を電源立地交付金で充当して，財政を膨張させれば，財政硬直化の要因となる。

　特異な支出は，小学校建築基金造成費で，合計63.05億円のう

表13　鹿児島県川内市 2011・2012 年電源立地地域対策交付金　　（単位：千円）

2012年度			2011年度		
交付金事業名	事業費	交付金充当額	交付金事業名	事業費	交付金充当額
老朽排水場非常用発電機更新	5,092	5,000	老朽排水場非常用発電機更新	20,475	17,600
小中学校コンピュータ整備事業	64,854	64,854	小中学校コンピュータ整備事業	57,280	38,500
簡易水道遠方監視整備事業	27,707	25,600	簡易水道遠方監視整備事業	54,441	49,600
川内文化ホール改修事業	35,528	32,492	簡易水道水源開発事業	11,492	8,400
公園整備事業	9,504	8,000	簡易水道老朽管更新事業	7,905	5,600
幼稚園教諭配置事業	159,215	144,337	公園整備事業	20,447	16,000
小学校学校主事配置事業	156,778	137,335	幼稚園教諭配置事業	162,455	149,643
電源立地校区道路整備事業	50,578	42,720	小学校学校主事配置事業	144,717	132,020
通学路防犯灯設置事業	8,655	8,050	電源立地校区道路整備事業	40,826	35,000
公民館建設事業	147,752	111,553	通学路防犯灯設置事業	11,116	11,000
地区コミュニティ協議会活動支援	56,929	55,000	消防庁舎等建設事業	24,957	21,500
消防職員配置事業	638,290	572,111	消防団施設整備事業	30,049	21,500
保健センター職員配置事業	106,026	98,000	中央公民館改修事業	15,089	13,400
少年自然の家職員配置事業	21,747	8,000	敬老施設居室改修事業	9,713	8,000
			公共施設スプリンクラー整備事業	38,467	30,500
			地区コミュニティ協議会活動支援	56,184	55,000
			消防職員配置事業	662,726	641,604
			保健センター職員配置事業	54,850	46,200
合　計	1,488,655	1,313,052	合　計	1,423,189	1,301,167

資料　鹿児島県川内市

表14　東海村電源立地地域対策交付金　　（単位：千円）

事業名称	交付金充当額	事業名称	交付金充当額
2008年度	1,235,721	2010年度	1,195,573
社会教育施設職員費光熱水費	53,000	公共施設職員費光熱水費	695,573
幼稚園小中学校職員費光熱水費	232,890	小学校改築基金造成費	500,000
消防職員人件費費	201,900	2011年度	1,205,027
保育所職員費光熱水費	161,412	公共施設職員費光熱水費	605,027
保健センター人件費	48,519	小学校改築基金造成費	50,000
清掃・衛生センター光熱水費	50,000	中学校改築基金造成費	550,000
総合支援センター職員費	38,000	2012年度	1,372,032
小学校建設基金造成費	450,000	公共施設職員費光熱水費	600,551
2009年度	1,296,209	健康診断事業費	40,000
公共施設職員費光熱水費	752,709	予防接種事業費	23,000
小学校改築基金造成費	500,000	中学校改築基金造成費	708,481
学童クラブ建設費	43,500		

資料　東海村

ち基金造成費 27.58 億円，43.75％で，将来の財政需要に対して財源を留保していく，財政安定策で，賢明な対応といえる。

4　原発寄付金と地域社会の侵蝕

電力会社の主要寄付金

　原発立地地域への原発マネーは，奔流のように自治体・地域社会に流れ込んだ。地方財政における制度的優遇・奨励措置だけでなく，予算上，摘出できない，原発マネーがあった。卑近な事例が，電力会社の匿名寄付であるが，自治体は，電力会社に寄付を，要求すべきでなく，また電力会社も，寄付をすべきでない。

　まして匿名寄付などは，予算上はその他収入としてわからない処理がなされてきた。最近，マスコミの取材努力によって，はじめて電力会社寄付金の実態が，明らかになった。

　さらに公共施設で批判がでる事業とか，民間機関の誘致・建設などで，特定団体への支援として，疑惑をもたれる支出などは，自治体を経由せず，直接的に電力会社が寄付する，迂回寄付方式が利用されている。

　最近，マスコミの取材努力によって，巨額の電力会社寄付金の実態が，浮き彫りにされている。さらに巧妙な手段は，道路・施設への負担金方式である。

　原発立地をもっとも強く渇望したのは，電力会社であり，電源立地促進税だけではあきたらず，個別立地団体への寄付金注入という，脱法的行為迂回寄付・負担金などの支援をあえて実施していった。

　そのため政府・立地自治体・電力会社が，トライアングルを形成

し，原発立地の円滑化のため，さまざまの経済給付で，原発立地自治体だけでなく，周辺自治体を財源によって包摂していった。青森県では「核燃マネーが生活の隅々にまで行き渡り，あきらめが漂っている」[15]といわれているが，寄付金による反対勢力の囲い込みであった。

これら九電力・関連団体からの寄付金は，電源立地交付金との二重であり，しかも電気料金が上乗せされている。「経済産業省は，今後，値上げ申請の際の審査で寄付金の原価算入を認めない方針」[16]といわれている。

ただ寄付金の全容は，あきらかでないのは，細部の寄付金は，匿名でなされ，いわば自治体への闇献金のような扱いがなされている。また事業負担金と寄付金の関係も，線引きが難しい。

最近の主要寄付金（表15参照）をみても，100億円をこす大型寄付もあり，原発立地自治体にとって，電力会社は，打ち出の小槌の

表15　電力会社等の電源立地関係自治体への主要寄付金

寄付電力会社等	寄付金対象自治体	寄付額	使途	支払い期間
電気事業連合会	むつ小川原地域・産業振興財団	175億円	財団設立資金など	1989～2011年
東京電力	福島県	130億円	Jヴィレッジ	1997年
東京電力	新潟県柏崎市	60億円	柏崎・夢の森公園	2007年
関西電力	福井県	50億円	県立大学	1992年
九州電力	佐賀国際重粒子線がん治療財団	40億円	サガハイマット	2012年～
東京電力	新潟県刈羽村	40億円	地域共生事業	2010年
関西電力など	福井県	30億円	JR直流化事業費	2005～10年
東京電力	新潟県	30億円	中越沖地震復興補助金	2007年
東京電力	福島県郡山市	30億円	市ふれあい科学館	1999年
関西・中部・北陸電力	石川県珠洲市	27億円	地域振興	2004年
中国電力	山口県上関町	24億円	振興発展	2007～10年
中部電力	静岡県	22億円	交付金肩代わり	2009～12年
九州電力	早稲田佐賀中学校・高校	20億円	建設資金	2009年
東京電力	福島県大熊町	20億円	町総合体育館	1997年
日本原子力発電	福島県敦賀市	20億円	市立敦賀病院	2005～06年

出典　朝日新聞2012年7月13日。

ような有難い存在である。しかし、これでは電力会社と立地自治体の癒着といわれても、弁明できないのではないか。

特異な原発財源としての寄付金

電力会社の寄付金は、電源立地交付金とちがって、特異な原発財源といえる。第1に、福井県における原発立地の地元への寄付は、1981〜2010年までで、匿名寄付は、総額501.7億円が判明している。

充当事業は、福井県は52年度福井県立大学（52億円）、JR北陸直流事業30億円（05〜10年度）、若狭湾エネルギー研究センター58.5億円（98年度）など、197.5億円、敦賀市133.1億円（69〜10年度）、美浜町55.3億円（91〜10年度）、おおい町102.4億円（81〜10年度）、高浜町13.4億円（80〜20年度）である。[17]

第2に、問題は寄付金の時期であり、福島第一原発事故後、寄付金への調査もすすみ、関西電力が、福井県高浜町に高浜原発立地に関連して、1970年以降、約45.4億円の匿名寄付が判明した。しかも寄付金は、高浜原発3・4号機の増設を要請した、77年度から9年間に集中して36.7億円が支給されている。[18]

第3に、匿名寄付は、自治体財政・電力会社の運営上からみて、そのコンプライアンスがとわれる問題である。[19] しかし、関電は、2013年5月の家庭料金の値上げで、国は寄付金の原価への算入をみとめなかったが、矢木関電社長は、2月に「寄付は今後も個別に判断する」[20]と、寄付継続の意向をしめしていたが、寄付金廃止への包囲網は、次第に狭まりつつある。

第4に、寄付金の使途をみると、これら匿名寄付金を原資として、

おおい町では基金を設定して，その運用収益で，「集落ぐるみ町民指標活動支援事業」として，全集落の自治会に散布されていった。体育・文化活動・清掃活動・防犯灯・研修旅行・自治会運営費など，地域組織の末端まで浸透していった。[21]

第5に，電力会社による電源立地自治体への寄付は，戦後から継続的に行われており，公共施設への寄付だけでなく，地域の行事への寄付の日常化していた。[22]

さらに寄付金は，迂回寄付の方式で，目立たない形で処理された。福島県・佐賀県の事例をみると，電力会社系列の外郭団体をつうじて行われるとか，電源立地自治体の意向をくんで，電力会社が民間団体など寄付する形で行われている。[23]

第6に，寄付金を給付する，電力会社・事業団体は，近年の経営悪化から，寄付金の減額・廃止へと，舵を切る動きがみられる。日本原燃は，財団法人「むつ小川原地域・産業振興財団（青森市）への毎年約2億円の寄付を，2013年度で打ち切る方針を固めた。[24]

同財団は，1989年に設置され，電源立地交付金などで面倒をみきれない，青森県内の非原発立地市町村への資金給付が主たる事業で，「地域・産業振興プロジェクト」で，基金100億円の利子で，約2億円で各市町村のイベントなどへの助成である。「原子燃料サイクル事業推進特別対策事業」で，原発非立地の25団体への助成金で，94年から20年間で約130億円の支援を実施している。

第7に，寄付金は，電気料金原価に算入されないことが，数次の経済産業省の審査で定着してきたが，福島第一原発事故以前の原発立地自治体への財政支援は，電力会社は寄付金とはみなしていなかった。

東京・東北電力が，青森県六ヶ所村へ「漁業振興費」として，2

億円支払っていることが判明したが，この資金は，六ヶ所村に隣接する東通村に，建設予定の東通原発に絡み，立地周辺の漁業を支援する目的で，10年度にはじまっている。5年間で総計10億円を，六ヶ所村に交付する予定で，12年度までに東電1億3,340万円，東北電6,660万円をそれぞれ負担し，交付してきた。

この振興費は，料金値上げ審査での寄付金とみなされ，「原価」に算入されなかった。それは原発建設にともなう漁業補償は，別途，支払らわれおり，「電気を供給するうえで必須とはいえず，寄付金に近い」[25]と判断された。

もっとも東通村には，村の要請で，1983年からインフラ整備の負担金と，地域振興の寄付金が注入されていった。30年間で総額157億円になったが，半分は漁業補償に充当された。

問題は正規の漁業補償は，6漁業組合（六ヶ所村1組合，東通村5組合）に254億円余が支払われている。交渉が難航するなかで，漁業振興のため追加資金支出を約束したのが，寄付金方式の漁業補償の背景であった。[26]第8に，寄付金の会計処理であるるが，東通村は，これら寄付金を雑収入で処理していた。負担金とすると条例が必要となり，そんな面倒なことはできない。

村の説明は，「漁業施設が負担金からはずれるなど，制度にこだわると，もらえないお金がでてくる懸念がある」「余計な指摘をうけない『雑入』として処理する方が都合がよかった」「電力会社に事業を説明し，使途が決まっているので，寄付金とは考えていない」[27]と説明している。

第9に，寄付金は，福島第一原発事故後，1.5年間で約31.8億円の寄付がなされるいるが，電気事業連合会・日本原燃などもある。

さらに注目されるのは，うち24億円が公表されていない。要するに匿名寄付である。(28)

　青森県では，電源三法交付金から，もれた25町村に地域振興を，県財団を経由して民間寄付金が交付されてきた。20年間で約130億円と推計されいる。交付対象は，花火大会，スクールバス，除雪機，学校耐震化などさまざまであるが，ほぼ全町村に原発マネーは浸透しており，(29)このようなばらまきとなったのは，青森県の電源立地交付金（**表16参照**）をみても，国庫交付金は，特定の町村に偏って支給されており，周辺町村から反対がおこる恐れは十分にあったため，交付金からもれた町村を，慰撫する配慮があったからである。

　2011年度の青森県は，県国庫電源立地交付金162.75億円，市交付金16.28億円，町村30.30億円であるが，県交付金のうち県市町村交付金51.42億円を，県交付金として町村に交付しており，国庫交付金のへ偏在性を是正するため，24市町村に配分した。

　配分額をみると，原発立地市町村でない，十和田市10.91億円，三沢市4.67円，横浜町3.84億円と巨額であり，大盤振る舞いの様相を呈している。

　それでも9市12町村が，不交付団体となったが，貧困町村にとっては，不満がのこる結果となった。そのため寄付金の利用という，苦肉の策で，原発マネーの全市町村への散布を浸透させていった。

　第10に，原発マネーが地域社会へ浸透する，国の制度として，「原子力立地給付金」がある。1981年に創設され，原発への理解と協力を求めるため，原発立地・周辺地域の電気料金を割引し，その分を住民に還付する制度である。

　2011年度実績は，103万件，給付総額76億円であり，1件当

61

たりの最高は 3 万 6,000 円，最低 2,172 円で，電力会社が給付事務を担っている。注目されるのは，福島第一原発事故後，辞退件数が，福井県をのぞく 13 道府県で 171 件となっている。この制度は，政府・電力会社による利益誘導であるとにの批判があり，迷惑料としてすまされる，システムではないであろう。

原発立地自治体への財政支援は，寄付金のみでなく，負担金システムも動員されている。福井県は，原発道路 422 億円の整備計画を発表したが，財源は関西電力・日本原電が 119 億円，県電源立地交付金 303 億円をあてる予定である。(30)

表16　2011年度青森県市町村電源立地交付金の配分状況　（単位：千円）

区　分	国庫交付金	県交付金	区　分	県交付金
青森県	16,275,698	(5,142,035)	青森市	23,219
むつ市	1,627,800	1,999,000	八戸市	17,000
六ヶ所村	2,310,967	259,469	黒石市	4,400
東通村	3,030,148	425,468	平川市	21,000
大間村	482,210	360,406	横浜町	383,995
十和田市	—	1,091,899	野辺地町	217,684
三沢市	—	467,241	風間浦村	168,952
			おおいらせ町	139,465
			佐井村	130,512
			平内町	107,222
			六戸町	46,371
			階上町	37,000
			南部町	17,000
			東北町	6,751
			深浦村	4,400
			西目屋村	4,400
			鯵ヶ沢村	4,400
			三戸町	4,400
			12 町村	—

資料　総務省「地方財政計算統計」

注

(1) 原発誘致をめぐっては，地域で対立があり，住民投票での決着が提唱された。「歴史的にみて，原子力発電に対する国民の判断は的確であった。日本でこれまで行われた原子力発電を所めぐる住民投票は3回あった。最初のケースは巻原発建設の是非を問う新潟県巻町の住民投票（1996年8月），第2はプルサーマル実施の賛否に関する新潟県刈羽村における住民投票（2001年5月），第3は，海山原発誘致をめぐる三重県海山町の住民投票(2001年11月)である。これら3つの住民投票はいずれも反対が多数を占め，反対住民側勝利とっている。すなわち，福島第一原発事故前であっても，原力力発電に対する国民の支持は強固ではなく，住民投票では反対が多数を占めていた」（大島堅一『原発のコスト』151頁，以下，大島・前掲「原発コスト」）と，反対住民が勝利をおさめている。
(2) 朝日新聞 2013.11.20 参照。
(3) 日置川町原発紛争の経過については，原日出男編『紀伊半島にはなぜ原発がないの－日置川原発反対運動の記録－』(2012年, 紀伊民報)参照。
(4) 原発をめぐる主な司法判断としては，92年9月の福島県高速増殖原型「もんじゅ」設置許可処分無効確認訴訟，92年10月の愛媛県伊方原発・福島県原発の設置許可処分取消訴訟，98年9月の石川県志賀原発運転差止訴訟，99年2月の北海道泊原発運転差止訴訟，07年10月の静岡県浜岡原発運転差止訴訟などがるが，住民敗訴の判決が多い。
(5)・(6) 朝日新聞 2013.3.29。
(7) 福島大学・清水修二教授は，当時の通産政務次官の国会答弁が，きわめて端的に表現しているとしている。「一つは原発の安全性に不安がる。………2つ目は，装置産業である原発の立地が地域振興にあまり寄与しない………もう一つは農村部でつくった電力が都市部に流出する」（朝日新聞 2013.1.13）という指摘である。
(8) この点について，「発電所の立地が，地域に恒久的な雇用安定効果をもたらさず，関連産業立地も少なく，地域への恒久的財政寄与も限界があり，必ずしも地元住民の福祉向上や，地元経済の発展に結びつかない

という，地元の不満を解消する方策として」（藤原淳一郎「電源三法と核燃料税上」『自治研究』第 54 巻第 5 号 22 頁），電源三法が制定されたといわれている。

(9) 2012 年度原子力発電施設立地地域共生交付金（12.3 億円）は，運転年数が 30 年を経過している原子力発電施設立地地域に対する，地域振興交付金である。核燃料リサイクル交付金（40.5 億円）は，核燃料サイクル施設立地促進のための交付金である。原子力発電施設等立地地域特別社会交付金（10.4 億円）は，原発立地地域へのハード・ソフト事業への補助である。原子力発電施設地域企業立地支援事業費補助（71.0 億円）は，県経由方式で，原発立地・周辺自治体に対する企業立地を支援するため，電気料金 8 年間の軽減（雇用数への割増）を行っている。電源地域産業関連施設等整備費補助金（0.9 億円），原子力発電施設等周辺地域大規模社会工業基地企業立地促進事業費補助金庫（0.7 億円），電源地工業団地造成利子補給金（0.04 億円）などがある。

(10) この点について「これらは，79 年に米国で発生したスリーマイル島原発事故をうけて，原発への逆風が強まったため，地元対策として新たに創設された」（朝日新聞 2013.1.9）といわれているが，明らかに世論対策である。

(11) 目的外使用に対する政府の説明は，「高速増殖炉は，10 年後ぐらいでに実用化の見込みが立ち，現在の納付者が受益者だと云っていいのだ」（朝日新聞 2013.1.14）と説明していたが，「あれから 30 年以上経っているが，原型炉『もんじゅ』による実用化の目途は立っていない。かなり詭弁に近い」（朝日新聞 2013.1.14）と批判されている。

(12) 朝日新聞 2012.11.28 参照。(13) 朝日新聞 2012.11.28 参照。

(14) 朝日新聞 2013.11.21 参照。(15) 朝日新聞 2013.10.1。(16) 朝日新聞 2012.8.20。(17) 朝日新聞 201 1.11.4 参照。

(18) 高浜町総務課長は，「寄付は関電が地域振興，社会貢献の一環として実施されたものであって，原発増設との関連はあってはならず，因果関係はないと考える。寄付によって原発に関する町の政策判断がゆがめられることはありえない」（朝日新聞 2013.8.21）といっているが，関電は他自治体にはあまり寄付などしていない。

(19) この点について、「74 年に電源三法が導入されたには、電源立地のため不明朗な寄付金を使うことが問題視され、透明化を図る目的もあった。しかし実際には、原発立地自治体には交付金に加えて寄付金も支払われ続け、電気料金に二重に上乗せされてきた」(朝日新聞 2013.8.21) といわれている。

(20) 朝日新聞 2013.8.21 参照。(21) 朝日新聞 2012.6.23 参照。

(22) 地域行事への寄付の事例として、福島県富岡町の毎年 8 月に開かれている「富岡町夏まつり」の「花火大会への協賛は、ほとんどの地元企業が 1 万円程度だった。しかし、協賛会幹部によると、東電は百万円以上を支出していた」(福島民報社編集局『福島と原発』214 頁) といわれている。不思議なのは富岡町は、電源立地交付金をはじめ、巨額の原発マネーがあふれていたのに、どうして公費で支出しなかったかである。

(23) 東京電力は、2001 年に福島県郡山市の「ふれあい科学館」に 30 億円を寄付しているが、財団法人「県青少年教育振興会」を経由しての給付となっている。この背景には「直接の給付関係を避けたい市と東電の思惑が一致した。東電にとっても、他の市町村から同じような寄付を催促されることを避ける狙いも込められてた」(同前 237 頁) といわれている。九州電力は、佐賀県烏市の九州國際重粒子線がん治療センターの建設費 150 億円 (県・医師会) に 40 億円の寄付を決めたので建設可能となった。ただし 12 年度 3 億円で、残額 37 億円次年度以降で、九州電力には苦しい負担となりそうである。佐賀県では 2013 年、唐津市の唐津赤十字病院の移転・新築事業費 210 億円のうち 25 億円を原発マネーで処理している。赤十字病院の自己負担 34 億円, 県医療基金 27 億円, 唐津市・玄海町がそれぞれ 17 億円で、残り 25 億円を九州電力が負担する。ただ九州電力は、「原子力発電施設等立地地域特別交付金」という新制度を利用して支出される。朝日新聞 2013.11.19 参照。また佐賀県の要請をうけて、早稲田佐賀中学・高等学校が、唐津市に誘致されたが、開校費 40 億円のうち 20 億円を、九州電力からの寄付でまかなっている。この点について、「県としては、早稲田の誘致は成功させたい。だからといって、県が独自に私学に巨額の助成をするわけにはにはいかなかった」(朝日新聞 2012.11.1) ので、寄付金の要請となった。しかし、実質的には、

佐賀県への寄付であり，原発再稼動に影響がないとはいえない。
(24) 朝日新聞 2013.11.28 参照。
(25) 朝日新聞 2013.10.14。
(26) 朝日新聞 201 1.11.6 参照。
(27) 朝日新聞 2011.11.6。
(28) 主要な寄付事業は，電気事業連合会・日本原燃が，青森県へ13.7億円（青森県設立の財団資金），電気事業連合会が，青森県六ヶ所村へ7.5億円（温泉施設改修費），中部電力が静岡県に2.4億円（廃炉による交付金減少の補填），日本原子力発電所が福井県敦賀市に2.4億円（バイパス道路建設費），中国電力が松江市へ0.6億円（漁業振興費），九州電力が佐賀県へ3億円（がん治療施設建設費）などである。朝日新聞 2012.8.20.
(29) 朝日新聞 2013.10.1 参照。
(30) 朝日新聞 2012.2.23 参照。

Ⅱ　原発財源と立地自治体財政の変貌

1　原発財源の道県財政への効果

　原発マネーは，地方財政にどのような影響を及ぼしたのか，政府は，明治以来の伝統的手法である，特例財源優遇措置で，地方団体への懐柔策を駆使して，原発立地への同意を強要していった。
　要するに原発立地自治体への電源立地交付金で，同類の交付金には，石油貯蔵施設立地対策交付金（2011年度都道府県55.10億円）があるが，電源立地交付金は，配分基準が曖昧なだけでなく，莫大な政府財政支援の投入となった。

電源立地地域対策交付金
　第1の課題は，原発立地道県への原発特定財源の実態分析であるが，電源立地地域対策交付金(**表17参照**)は，文字どおり電源で，火力・水力発電もふくむが，原子力発電が圧倒的に多く，11年度原発立地737.3億円，非原発立地96.7億円と，原発立地が88.47％をしめている。
　もっとも府県別では，富山県7.49億円，長野県6.66億円，岐阜県14.18億円など，水力・火力発電への交付金であり，危険性が少ない魅力的財源である。なお群馬県，千葉県，大阪府，香川県はゼロであり，東京都0.14億円，神奈川県0.48億円，愛知県1.14億円，京都府6.93億円，兵庫県0.68億円と，余り発電には貢献していなし，当然，電源立地交付金もすくな。問題は原子力発電立地自治体

への，巨額の交付金の配分金額・運用システムの実態である。

なお道県交付金は，一部が市町村へ道県交付金として交付されており，2011年度では市交付金109.8億円，町村交付金102.7億円の総額212.5億円（25.50％）で，道県の取り分620.9億円（74.50％）となる。なお市町村は，別途，国庫電源交付金を交付されており，2011年度交付金（表27・37参照）112.6億円，町村245.7億円の358.3億円で，道県交付金との合計額570億円である。

表17　都道府県電源立地促進対策交付金　　　　　　　　　　（単位；百万円）

区分	2008年	2009年	2010年	2011年	区分	2008年	2009年	2010年	2011年
北海道	1,872	1,649	2,248	2,161	静岡県	2,552	2,063	2,136	1,970
市町村分	880	1,115	1,228	1,260	市町村分	143	138	139	129
青森県	12,537	13,996	14,337	16,274	島根県	2,098	3,272	2,810	1,407
市町村分	5,194	4,130	5,191	5,142	市町村分	84	81	81	114
宮城県	2,382	2,142	2,198	2,159	愛媛県	778	966	1,708	1,317
市町村分	349	366	338	296	市町村分	151	148	669	498
福島県	10,076	9,839	9,357	8,903	佐賀県	2,692	3,357	3,020	4,108
市町村分	1,898	1,528	1,398	1,048	市町村分	478	478	430	437
茨城県	6,891	7,444	7,355	6,966	鹿児島県	2,213	2,047	1,996	2,033
市町村分	950	1,767	848	804	市町村分	778	700	679	729
新潟県	13,218	12,465	12,230	11,981	原発立地道県	72,903	73,715	74,604	73,732
市町村分	2,166	2,330	1,900	1,921	原発立地市町村	21,779	21,067	26,548	21,248
石川県	1,871	1,876	2,216	1,709	その他道県	10,568	11,436	10,611	9,607
市町村分	353	308	265	249	その他市町村分	—	—	—	—
福井県	13,723	12,599	12,993	12,744	合計道県	83,471	85,151	85,215	83,339
市町村分	2,562	2,202	3,513	2,894	市町村分	21,779	21,067	26,548	21,248

資料　総務省「都道府県計算統計」

第1に，電源立地地域対策交付金は，近年，全般的に伸び悩みである。原発立地・原発再稼動が，難航しているためであるが，交付金の基準が，発電量であるため，原子力発電所が定期検査で，稼動

を低下させると，交付金は減少する。

第2に，立地道県への交付金を，県税対比で貢献度をみると，2011年度福井県交付金127.87億円で，県税910億円の，13.96％でかなりの収入で，法人税52.28億円の2.43倍であり，しかも交付税に算入されないので，実質的財源メリットは，法人税の約10倍となる。

ただ福井県の県税・譲与税・交付税などの一般財源は，2011年度2,363億円で，電源立地交付金は5.37％と，貢献度は低下する。

福井県の2011年度地方交付税1,323億円で，財源調整で傾斜的配分がなされ，財源と需要が一致している。したがって財政力指数0.378という数値は，地域経済力の貧困を反映する数値であっても，福井県の財政力貧困性を立証する数値ではない。

第3に，都道府県財政へは，国庫補助金でなく，類似の交付金がかなりある。2011年度では，石油貯蔵施設立地対策等交付金以外に，交付金としては，社会資本整備総合交付金7,852億円，地域自主戦略交付金2,709億円，東日本大震災復興交付金5,842億円などである。

これら交付金のうち石油貯蔵交付金以外は，補助金の交付金化であり，本来の交付金でないが，都道府県財政では，これら交付金は巨額で，静岡・茨城県など富裕県では，電源立地交付金に，固執する必要性はあまりない。

マクロの財政運営視点からみると，2011年度年度北海道は，社会資本整備総合交付金461億円，地域自主戦略交付金250億円と，巨額の政府財政支援がなされており，電源交付金21.6億円はさしたる金額でない。さらに地方財政における財政調整機能は強力で，

北海道交付税 7,016 億円，地方税 5,321 億円を上回っている。マクロの財政運営でみれば，原発立地交付金にこだわることもない。

第 4 に，ミクロの財源視点からみると，北海道でも，21.6 億円は貴重な財源であるが，都道府県レベルの財政運営は，政策を優先させるべきで，財源重視という"視野狭窄"に陥ってはならない。実際，財政力が同水準の県が，電源立地交付金なしで，立派に財政運営を行なっている。

電源立地交付金は，原発立地自治体の原発審査とか，避難対策などの特別需要への財源補塡であるが，現行交付金は，地域振興とか"迷惑料"とかの名目で，あたかも使途自由な原発立地特別交付税に，変質しつつある。

交付金は，とめどなく膨張し，歯止めがきかない状況で，2011年度青森県電源立地交付金 162.7 億円は，石川県の 17.1 億円と比較しても，原発財政需要では説明のつかない，各県でばらつきがみられる。

都道府県財政をやりくりするには，追加財源としての電源立地交付金は，かけがえのない財源であるが，財政規律を無視してまで，財源確保をめざす財源ではない。

基本的には原発立地による特別財政需要，プラス迷惑料の範囲内に，止める節度が求められる。立地自治体の財政需要に応じて，原発財源を拡充すると，立地自治体の財政運営の劣化を招き，財政悪化への伏線となりかねない。

第 5 に，都道府県電源交付金は，全額都道府県の歳入となるのでなく，一部は府県経由方式で市町村交付金として，市町村に配分されている。市町村へ電源立地交付金が，国庫支出金と都道府県の交

付金の二本立てになっているのは，どのような理由によるのであるか。さらに市町村の配分基準も，実績からみると，都道府県で定則はないようである。

　全国国庫電源立地交付金（**表17参照**）の都道府県分のうち，2011年度25.49％，2002年度31.15％とかなりの金額が，市町村に配分されている。2011年度の北海道をみると，道交付金21.61億円のうち，総額12.60億円が，77町村に配分されているが，原発立地町村の泊村は0.2億円とすくなく，泊村の隣接町村岩内町2.54億円，共和町2.12億円と大きいのは，隣接市町村への被害を想定すると理解できる。

　しかし，市財政へは札幌市0.21億円，苫小牧市0.15億円，さらに北端の名寄市599万円と，35市中，18市と広汎に配分され，町村では斜里・奥尻・利尻富士町など10万円と，遠隔地の山村僻地にもまで散布されている。原発立地とどのような関係があるのか，理解しがたい配分となっている。

　なお市町村電源立地交付金は，泊村18.34億円，幌延町4.79億円の2町村に限定されているので，国庫交付金に漏れた市町村を，道県交付金で交付金落差を調整している思惑がみられる。しかし，道内多数の市町村に散布するのは，原発アレルギーを，淘汰する機能が潜んでいるのでないか。

　一方，県交付金で立地町村を除外しているのが，石川県では，2011年度原発立地町村の志賀町（国庫交付金6.13億円）は交付金なしで，隣接の中能登町0.62億円，七尾市0.62億円，羽咋市0.31億円と重点的に，隣接地域に配分され，さらに遠隔の白山市0.74億円，金澤市0.10億円，小松市0.04億円が配分されている。

島根県も原発立地市の松江市（国庫交付金28.16億円）は，交付金なしであるが，県内ほとんどの市町村に配分されている。反対に佐賀は，玄海町2.07億円，その他町村は交付金なしで，佐賀市0.10億円，唐津市2.16億円，神埼市0.04億円と，市財政への重点配分となっている。

　このように道県交付金の市町村への配分状況は，各道県で千差万別であり，道県の市町村への財源的統制の手段としては，きわめて裁量余地の大きな統制手段となっいる。かりに原発立地をめぐって，道県と市町村が対立すると，道県の誘導要素として，交付金は隠然たる威力を秘めている。

　もっとも電源立地交付金は，迷惑料といわれるが，原発施設は，飛行場とかコンビナートのように，騒音・排ガスを発生しない，ただ原発事故となれば，被害が30キロ圏に拡散されるので，行政区域で交付金を配分するのは，合理的根拠はない。

　また福島第一原発事故をみても，30キロ圏といっても，風向きで被害地域はことなるので，電源立地交付金は，事故救済基金として留保するのが，もっとも政策的にも優れた対応である。

特例固定資産税

　第2の原発関連収入は，特例固定資産税で，大規模償却資産が，小規模町村に立地すると，固定資産税が，極端に多くの税収をもたらすことになるので，財政調整の観点から，その一部を府県税化したものである。

　第1に，電源立地促進とは，無関係な道府県・市町村間の財政調整の問題であるが，実質的には府県財源化されているが，財源的貢

献は大きくない。しかも固定資産税収入は，交付税の基準財政収入額に算入されるので，正味の財源効果は，4分の1程度しかない。

まず人口規模におうじて，府県税化されるので，原発立地団体の町村が，合併などをすると道県分はすくなくなる。平成4年度では人口5,000人未満償却資産評価額5億円以上，段階的人口で調整され，人口20万円以上では，償却資産40億円以上である。

第2に，結果として都道府県特例固定資産税（**表18参照**）は，償却資産が中心であり，数年で償却がすすむので，税収として変動は大きく，2011年をみると，北海道・青森県以外は税収ゼロである。原発立地にブレーキがかかると，03年度153.3億円から10年度47.8億円と激減している。石川・島根・鹿児島県は，従来からゼロである。

表18　都道府県の特例固定資産税収入額 （単位；百万円）

区分	2003年	2008年	2010年	2011年	区分	2003年	2008年	2010年	2011年
北海道	—	—	2,063	1,573	新潟県	1,721	—	83	—
青森県	—	1,823	579	1,002	福井県	628	—	—	—
福島県	447	310	—	—	静岡県	—	106	—	—
茨城県	2,556	205	—	—	佐賀県	1,962	391	—	—

資料　総務省「都道府県計算統計」

2　道県核燃料税創設と膨張

　第3の原発関連収入は，法定外普通税の核燃料税である。核燃料税は，1974年に福井県で創設された。電源立地交付金も，1974年に創設されたが，原発立地にともなって，道府県で原発安全対策費などの支出を余儀なくされた。

　道県では市町村のように固定資産税がなく，電源立地促進対策交付金も，当時は少なく，対策財源に苦慮した。そのため道県の原発特定財源として，法定外普通税が創設された。[1]

　平成23年度で，道府県税の法定外普通税は，沖縄県の石油価格調整税（税収額9.94億円）と，神奈川県の臨時特例企業税（税収額0.03億円）のみで，その他は核燃料税である。もっとも名称は，青森県が核燃料物資等取扱税，茨城県が核燃料等取扱税となっているが，その他11団体は，核燃料税である。[2]

核燃料税の制度的問題点

　核燃料税の問題点をみると，第1の課題は，核燃料税の創設に関する制度的問題である。第1に，核燃料税は法定外普通税となっているが，本来の趣旨からいえば，法定外目的税ではないか。

　設置道県の理由は，原発立地のため原発安全対策とか，検査・調査などの財政需要が必要であると説明しているが，それならば法定外目的税である。

第2に，核燃料税を，法定外普通税として許可条件になじむのかである。核燃料税は，産業廃棄物処理税のように，受益・負担関係が明確でない，結局，電気料金という形で，消費者に転嫁され，電力会社の腹は痛まないという，独占企業のシステムで処理されている。[3]

電力会社への賦課でなく，管内の電力消費者に賦課されるため，受益と負担の関係が，きわめて曖昧となり，しかも電気料金の算定コストとして算入されるため，電力会社の負担認識も希薄という摩訶不思議な地方税となった。

第3に，法定外普通税として，政策的に妥当かである。「核燃料税はあくまで原子力発電所を設置したためにもたらされる地元の安全対策費の支出をつぐなうことを第1目的に運用されるべきであって，それを超えて地域開発等に向けるとすれば，それは電源開発促進税との……二重課税的な使われ方になり好ましくない」[4]といわれている。

核燃料税の最大の矛盾は，原因者負担金であるので，受益者として消費者に求めるのは筋違いである。立地自治体が，原因者たる発電事業者に毎年経費を請求する，報償契約を締結するのが，政策的にも理論的にもすっきりする。

核燃料税確保の画策

第2の課題は，福島第一原発事故以後における，核燃料税の課税存続である。福島第一原発事故の連鎖反応で，全国の原発が，発電停止に追い込まれという，想定外の事態となった。核燃料税実施の道県は，原発停止中も，核燃料税を徴収できる方式を「行政の知恵」をはたらかせて，核燃料税の存続を図っていった。

第1に，福井県の核燃料税は，福島第一原発事故の影響で，原

発が停止し，2010年度74.49億円から，2011年度10.16億円と86.36％の激減と化している。そのため福井県は，11年度10月から核燃料税を，「価格割」から「出力割」へと変更している。現行の12％から17％へのアップの改正を実施した。

　新方式は，17％のうち，8.5％を原子炉の熱出力におうじて課税する「出力割」で，運転状況に関係なく安定的に税収が得られる。残り8.5％は，従来どおり装填する核燃料税の価格を基準とする「価格割」で課税される。

　5年間の税収は「出力割」で300億円，「価格割」300億円で，従来方式の約2倍となるが，原発が全面停止しても，従来どおりの税収は確保できる，安定財源として再生された。以後，「出力割」が全国的に導入されていった。

　第2に，青森県は，1991年から核燃料税を課税してきたが，2010年は，150.64億円で，県税1,239億円の12.16％をしめる主要税源である。しかし，原発が停止すると，「価格割」では，減収・ゼロになるので，福井県に追随して，「価格割」13％を改正して，「出力割」2％を追加し，実質的15％の税率に変更した。改正で年30億円の増収が期待できる。

　第3に，石川県は，2012年6月，核燃料税の「出力割」への改正を決断する。改正による，電気料金値上げが憂慮されたが，知事は料金値上げの可能性は，改正案でも「影響は大きくない」と判断していた。核燃料税は約15.4億円で，北陸電力の料金収入の0.3％程度に過ぎないからである。

　知事は，「北陸電力は，電気料金を上げるという姑息な考えはもっていないと思う」[5]とのべており，北陸電力が改正条例をうけう

いれる判断を示したことに,「原発の防災対策は稼動の大前提。県民の安全安心につながると,社会的な使命を感じて判断されたと思う」[6]と,北陸電力の心情を憶測して,核燃料税の安定化を図っていった。2012年度10月から実施である。石川県は17％のうち,「価格割」8.5％,「出力割」8.5％である。

第4に,福島県は,価格割10％,重量割11,000円/kg(当面は8,000円/kg)に改正した。なお各県の創設以来,2010まで税収は,青森・福島・福井県が多い。[7]

核燃料税の各県財政への貢献度

第3の課題は,核燃料税の各県財政への貢献度では,道県の財政規模・原子力発電量で大きく左右されるが,再稼動への遅れが,大きく影響してくる。

第1に,核燃料税の推移(**表19参照**)をみると,89年度154億円から大きく成長し,2010年度394億円と,2.56倍の伸びとなるが,福島第一原発事故の影響で,多くの原発が停止となり,税収ゼロの県もあり,11年度192億円と,10年度比48.73％と半減している。

表19　原発立地県の核燃料税額　　　　　　　　　　　　　　　　(単位;百万円)

区分	2003年	2008年	2010年	2012年	区分	2003年	2008年	2010年	2012年
北海道	455	645	735	—	福井県	7,063	5,423	7,449	7,774
青森県	11,223	11,282	15,064	16,045	静岡県	688	689	944	—
宮城県	1,082	283	618	—	島根県	697	218	723	—
福島県	1,735	3,593	4,645	1	愛媛県	1,108	823	2,430	—
茨城県	2,556	1,371	1,157	603	佐賀県	889	2,012	1,740	—
新潟県	1,066	—	1,275	—	鹿児島県	1,072	585	1,612	—
石川県	430	—	1,002	193	合計	30,064	26,924	39,394	24,616

資料　総務省「都道府県決算統計」

2011年度では原子力発電所が稼動を停止したので，宮城県など収入ゼロであるが，2012年度は，賦課基準を「出力割」に変更したので，従来どおりの収入が見込めるはずである。

 第2に，11年度の福井県をみてみると，県税910億円の1.10％に過ぎない。原発事故の影響で大きく落ち込み，財政への貢献度は低下した。

 10年度は県税956億円で，核燃料税構成比は，7.74％ときわめて大きく，法人割46.68億円の1.60倍もある。ちなみに核燃料税・電源立地地域対策交付金との合計204.44億円と，県税構成比21.34％となる。

 第3に，核燃料税の税率（**表20参照**）は，年次的にみると，一貫して引き上げられていった。しかし，福島第一原発事故以後，

表20　核燃料税率の推移　　　　　　　　　　　　　　　　　　　（単位：％）

区分	創設時期 年次	創設時期 税率	現在 税率	現在 更新回数
福井県	1976	5	17％	第7回更新
福島県	1977	5	15.5（当面14）	第6回更新
茨城県	1978	5	13	第6回更新
愛媛県	1979	5	13	第6回更新
佐賀県	1979	5	13	第6回更新
島根県	1980	5	13	第6回更新
鹿児島県	1983	7	14.5	第5回更新
宮城県	1983	7	12	第5回更新
新潟県	1984	7	12	第5回更新
北海道	1988	7	12	第4回更新
石川県	1992	7	15	第3回更新
青森県	2004	10（当面12）	15	第2回更新

資料　総務省『法定外普通税の状況（平成19年4月）』，電気事業連合会『電気事業と税金2012』

2011年度は，福島県だけでなく，静岡県・宮城県・石川県も，大きく税収が落ち込んだが，さきにみたように「出力割」への変更で，減収をくいとめ，再稼動ともなれば，税収が倍増するシステムに再編成された。

県核燃料税の市町村への配分状況

県核燃料税は，各県で配分状況（**表21参照**）は，さまざまであったが，県の核燃料税は，市町村へかなり配分されているが，愛媛・佐賀・鹿児島県などは，市町村への配分なしてあり，その他は，市町村への配分率20％前後で，北海道が定率制を採用している。

表21　2011 各県の核燃料税（法定外普通税）配分状況　　（単位；百万円）

区分	課税標準	配分内容	税収額	対象自治体
北海道	価格の12％	毎年度4市町で2.8億円	540	立地1，周辺3
青森県	価格の13％ (1KWh9,00円)	市町村15％か20％か低い額 （うち立地市町村・周辺市町村折半）	14,618	立地4，周辺11
宮城県	価格の12	県80％，市町村20％	—	石巻市・女川町
福島県	価格の16.5， （当面14％）	県70％，市町村30％ （立地市町村28％，基金2％）	848	立地市町村4，周辺市町村6，市町村組合1
茨城県	価格の13％	県77％ 市23％	605	立地市町村4， 周辺市町村6
新潟県	価格の14.5％	県80％，市町村20％ （柏崎市16.2％，刈羽村3.8％）	1,410	立地市町村2
静岡県	価格の13％	県80％，市20％	1,016	立地市町村1， 周辺市町村3
石川県	価格の12％	市町村配分なし	12	
福井県	価格の17％	緊急安全対策分2/17， 県9/17，市町村6/17	182	立地市町村4，周辺市町村4，広域組合1
島根県	価格の13％	県85％，市15％	—	立地市1
愛媛県	価格の13％	県12/3，市町1/13 （伊方町80％，八幡浜20％）	—	立地町1，周辺市1
佐賀県	価格の13％	市町村配分なし		
鹿児島県	価格の12％	市町村配分なし		

出典　総務省「法定外税の概要」

Ⅱ　原発財源と立地自治体財政の変貌

　なお北海道は道電源立地交付金を，広汎に市町村に配分しいるが，核燃料税・交付金の関係は，必ずしも明確でない。ただ核燃料税は，法定外普通税でありが，実質的には法定外目的税の性格が濃厚であり，道県で全額充当し，交付金で調整するべきであろう。

　県核燃料税の市町村への配分を，福島県（**表22参照**）をみると，1979～2010年の31年間に1,238億円の巨額税収で，配分は県80.83％，市町村19.17％の比率となっている。当初の5年間は，広域町村組合だけであったが，以後，10町村に拡大していった。

表22　福島県核燃料税町村配分状況　　　　　　　　　　　　　（単位：千円）

区分・団体名		1979〜2005年	2006年	2007年	2008年	2009年	2010年	合計
立地町	楢葉町	2,351,714	148,550	151,453	389,839	180,574	249,911	3,772,041
	富岡町	2,859,549	159,372	131,657	439,839	228,970	208,498	4,022,885
	大熊町	3,028,487	213,500	65,998	452,626	217,000	240,208	4,211,819
	双葉町	2,426,383	68,992	175,784	344,460	104,714	99,586	3,224,919
	計	10,961,302	590,246	524,892	1,625,763	731,258	798,203	15,231,664
周辺町村	広野町	786,280	73,616	47,540	132,778	96,974	82,395	1,219,583
	川内村	702,971	82,087	33,867	167,369	71,064	89,902	1,147,260
	浪江町	1,024,881	46,500	107,197	186,559	125,682	82,150	1,575,969
	葛尾村	665,760	63,000	43,042	153,645	91,800	81,541	1,098,788
	旧小高町	878,211	66,439	63,886	162,994	81,103	95,728	1,348,361
	旧都路村	742,695	42,727	42,727	165,629	53,648	61,258	1,108,684
	計	4,792,777	385,390	338,259	968,974	520,271	492,974	7,498,645
広域市町村組合		945,375	―	―	―	―	―	945,375
合計		16,729,386	975,704	863,151	2,594,737	1,251,529	1,291,177	23,675,684
税収額		102,969,521	3,612,200	3,918,000	3,593,000	5,097.00	4,646,000	123,835,521

資料　福島県「福島県核燃料税の概要」

　1983年度は原発立地町村4町村1.11億円，周辺6町村0.80億円であったが，次第に交付額は増加していった。しかし，県・市町村の配分比率は，約3対1比率であるが，2008年度県1対市町村

81

3と逆転し，9年度県3対市町村1と，再逆転している。

そのため大熊町への配分は，2007年度0.66億円から2008年度4.52億円，9年度2.17億円と大きく変動している。

市町村に配分された，県核燃料税は，具体的にどのような事業（表23参照）に充当されていったかをみると，基金造成財源となっているのが目立つ。電源立地交付金が，公共投資など拘束性があり，必ずしも地元自治体のニーズと合致していなので，独自財源で基金を形成し，地域振興基金とするのが，財政運営としても，すぐれた対応であるが，問題は市町村が，効果的に活用しているのかである。

表23 福島県2011年度核燃料税交付金充当事業一覧 (単位：千円)

区分	事業名	事業費	充当額	区分	事業名	事業費	充当額
楢葉町	東日本大震災基金造成事業	436,593	436,593	川内村	公共施設建設維持基金事業	270,195	270,195
	消防・生活環境広域事業	175,512	166,354	浪江町	復旧復興基金積立事業	353,482	353,482
	原発基金貸付金償還事業	84,440	84,341	葛尾村	震災復興基金積立事業	260,408	260,029
富岡町	東日本大震災復興基金事業	731,756	731,756		仮設住宅防災無線設置	15,750	15,750
大熊町	核燃料税交付金基金事業	767,756	767,756	南相馬市	減債基金積立事業	188,647	188,647
双葉町	東日本大震災復興基金事業	922,592	922,592		地域振興基金償還事業	122,217	122,217
広野町	公共施設除染事業	101,808	67,977	村田市	公民館改築事業	2,835	2,700
	情報ネットワーク事業	5,670	5,670		道路橋梁整備改良事業	156,439	59,998
	減債基金積立事業	69,714	69,714		財政調整基金積立事業	259,690	259,690
	地域振興基金元利償還金	77,200	77,199				
	農地再生事業補助金	46,530	42,029		合計	5,049,084	4,904,538

資料　福島県原子力等立地地域等振興事務所資料

これら原発関連財源（表24参照）の道県財政への影響をみると，厳密には電源立地交付金は，市町村配分を差し引きし，固定資産税は交付税算入分を差し引き25％とし，核燃料税は，市町村配分もあるが，実績が不明であるので，税額全額を対象とする。

Ⅱ 原発財源と立地自治体財政の変貌

しかし，全般的には県財政の規模は大きく，特定財源が多少ふえても，財源的メリットは，さして大きくないが，電源立地地域対策交付金が，青森・福島・新潟・福井県のよう 100 億円前後となると，財源的メリットは否定できない。

表 24　2011 年度電源重要 3 財源（交付金・固定資産税・核燃料税）

(単位；百万円)

区　分	道　県交付金分	固定資産税25%	核燃料税	合計A	A／歳入	B／県税	C／一般財源	D／国庫支出金
北海道	901	393	540	1,834	0.07	0.34	0.14	0.50
青森県	11,132	251	14,618	26,252	3.34	20.01	6.53	18.95
宮城県	1,860	—	—	1,860	0.09	0.82	0.25	0.29
福島県	7,855	—	846	8,701	0.44	4.57	1.43	0.78
茨城県	6,162	—	605	6,767	0.57	2.10	1.10	3.81
新潟県	10,060	—	1,410	11,470	1.01	4.93	1.99	7.48
石川県	1,457	—	12	1,469	0.25	1.19	0.53	2.00
福井県	9,847	—	182	10,029	2.05	11.02	4.24	13.43
静岡県	1,841	—	1,016	2,857	0.23	0.67	0.44	2.07
島根県	1,293	7	—	1,293	3.52	2.06	0.50	1.50
愛媛県	819	—	—	819	0.13	0.64	0.25	1.04
佐賀県	3,679	—	—	3,679	0.81	4.80	1.58	5.46
鹿児島県	1,304	—	—	1,304	0.16	0.98	0.30	0.89

資料　総務省「都道府県財政決算統計」

2011 年度は，福島第一原発事故の関係で，核燃料税が宮城県など 5 県で，税収ゼロとなっているが，それでも最低の愛媛県 8.19 億円である。

福島県は，2010 年度核燃料税 46.45 億円が，2011 年度 8.48 億円と激減し，87.01 億円と，100 億円の大台に達しておらず，最高青森県 260.01 億円，新潟県 114.70 億円，福井県 100.29 億円で，福島県も核燃料税の減収がひびいている。

ただ道県財政にあたえる影響は，歳入対比では，島根県は財政規

模が小さいので，3.52％と高いが，青森県は財政規模が，島根県より大きいが，原発財源も大きいので，3.31％である。道県税対比では青森県19.82％，福井県11.02％と高水準である。一般財源・国庫支出金対比でも，青森・福島県が高い状況である。

　マクロでみれば，財源はたいした比率でないが，原発財源は，交付税の対象にもならないし，事業化を強制されない国庫補助金でもなく，自治体の単独事務事業に充当できる魅力がある。いかに道県でも，10億円の財源捻出は容易でなく，原発マネーは魔力的財源として，自治体を魅惑してきたのである。

　なお電源立地促進交付金・核燃料税は，交付税の基準財政収入額算入外であるが，実質的に財政力指数をいくら引き上げているかをみると，青森県では2011年度基準財政需要3,157億円，基準財政収入額963億円で，財政力指数0.31であるが，電源立地促進交付金・核燃料税258億円を加算すると，単純計算では0.39となり，0.08ポイント上昇する。数値は小さいが財政力指標で0.08ポイントはかなりの数値である。もっとも北海道・静岡県などは財政規模が大きく，原発関連収入が小さいので，北海道0.0013ポイント，静岡県0.0057ポイントと，さしたる財政力上昇にはならない。

3　原発立地道県と地域振興効果

原発マネーで過疎脱却ができたか

　原発立地によって，地域社会は，悲願の過疎脱却ができたか。地域社会は，原発マネーが欲しいのでなく，原発マネーによって，地域経済の高次化・地域社会の成長をめざしたのである。

　道県財政が，原発特定財源で裕福になったとしても，それはあくまで手段であり，立地地域経済が活性化し，雇用がふえ，市民生活の豊かさに結びつくことであった。

　したがって立地自治体が，道路整備をし，箱物行政をすすめても，地域経済の成熟に裏づけされた豊かさでない。原発財政で地域社会が，貧困から脱皮できたか，経済・財政指標から追跡してみる。

　第1に，原発問題の背景には，経済構造における地域格差があり，戦後の地方財政においても，大都市圏と地方都市圏との格差は大きく，政府はつねに貧困県の地域開発・財政支援を，経済振興をからめて遂行していった。

　政府の地域開発構想は，全国総合開発構想，新産業都市構想にあっても，大都市圏では立地不可能であるが，日本経済の成長のため，不可欠な経済基地，たとえば水力発電，工業コンビナートを地方に求めた。

　一方，国土構造をみると，全国的構造は，東京へ一極集中であり，広域経済構造では，札幌・仙台・名古屋・大阪・広島・高松・福岡

への集中であり，府県経済構造では府県庁所在地への集中である。

　この地域集中のメカニズムを，覆すことは至難の課題であるが，政府は明確な政策意識をもって，地域格差是正には対応しなかった。

　なるほど高度成長期，大都市圏工場学校等制限法を制定したが，大都市への工場立地を規制したが，周辺部はむしろ開発促進地区として，財政支援措置を整備していった。

　このような誤った大都市圏抑制策では，少々の地域整備促進財政措置を注入しても，国土構造における大都市圏への集中が是正されることはなかった。原発をはじめ地方は，政府財政支援に幻惑され，地域開発をすすめていけば，地域社会の成長は達成されるとの期待を抱いたが，現実は東京一極集中が持続していた。

　第2に，国策と地域経済の要求が，必ずしも一致しない。新産工特構想をみても，成功したのは，岡山・茨城・大分県などで，しかも公害などの犠牲と基盤整備の負担のうえでの成功であった。

　エネルギー革命に直面すると，政府は，火力発電にかわって，原発推進へとエネルギー政策の転換を推進した。そのため戦後復興をささえたが，産炭地域は，国策の犠牲となった。

　おおくの地域社会の振興策は，原発でなくても，部品工場でも福祉施設でも，なんでもよかったが，貧困地域の選択は限定されており，確実に雇用・所得に直結できる，原発に未来を託した。要するに地域社会の貧困からの脱却と，政府のエネルギー政策が，ドッキングして推進された。

　地方は，戦前は食糧基地として，戦後は生産基地として，政府は地方社会を，国家経済成長戦略のため，便宜的に利用してきたに過ぎない。原発は，まさにエネルギー基地として促進され，そのため

政府は，迷惑施設の見返りとして，電源立地交付金を創設した。

　自治体として，政府施策の方針からみて，原発依存の経済振興に楽観論は禁物であり，財源優遇措置はするが，地域が浮上するかどうかは，自治体独自の課題とみなしている。

　すなわち地域社会は，原発マネーを財源として，独自の地域振興策で，貧困から脱皮できるかがすべてであった。少なくとも，原発立地自治体は，新産業都市の二の舞は，さけなけばならない。

　第3に，市町村と異なり，道県は広域団体であり，原発という装置産業だけで，地域浮上を図っていくには，成長エンジンの馬力は，力不足である。原発マネーを，地域振興の起爆剤として，地域経済の拡大・高次化を達成する戦略図式は，必ずしも成功していない。

　しかも原発はあくまで手段であり，地場産業の高付加価値化・1次産業の競争力強化など，原発稼動中に達成し，早期に原発依存を脱皮することが，地域経済の戦略としては卓抜している。

　しかし，現実は厳しく，経済振興の道半ばで，原発事故が発生し，地域財政も，原発依存体質が染み付き，容易に脱却できない状況にある。しかも肝心の地域政策も，なまじ原発マネーがあると，独自産業施策による，地場産業の地域活性化への意欲がそがれ，成長経済への離陸がみられない。

　原発立地道県の経済振興状況を，素朴な経済指標（**表 25・26 参照**）みてみると，第1に，人口動向は，全国人口は1970・2000年で22.07％の伸びであるが，都道府県別人口は，大都市圏近接の茨城・静岡県，そして地方広域圏の中心の宮城県の伸びが大きく，地方都市圏の伸びは小さい。青森県4.8万人増加，島根県1.2万人の減少である。原発立地での雇用増加では，人口動向減少傾向を食い止め

ることは無理であった。

全国人口2000・2012年は，0.04％とほとんど伸びでいない。原発立地道県で，人口増加は静岡県のみで，増加人口1.3万人で，その他は全部人口減少である。[8]

表25　原発立地道県の経済・財政指標　　　　　　　　　　（単位；百万円）

区分		北海道	青森県	宮城県	福島県	茨城県	新潟県	石川県
人口 千人	1970	518.4	142.8	181.9	194.6	214.4	236.1	100.2
	2000	568.3	147.6	236.5	212.7	298.6	247.6	118.1
	2012	547.4	138.3	230.2	199.2	297.0	236.5	115.7
県民所得 千円	1970 A	472.6	368.4	456.6	411.4	472.3	444.4	513.8
	2006 B	2,465	2,443	2,615	2,775	2,843	2,734	2,806
	B／A	5.21	6.63	5.72	6.74	6.02	6.15	5.46
	2012 C	2,440	2,345	2,450	2,586	2,970	2,375	2,652
	C／B	－1.01	－4.01	－6.31	－6.81	4.67	－13.13	－5.49
県税 百万円	2001 D	87,082	82,373	95,226	96,165	100,548	95,040	103,833
	2011 E	83,840	83,930	83,821	84,689	97,480	84,196	94,424
	E／D	－3.78	1.89	－11.98	－11.33	－11.82	－11.41	－9.06
1人当り交付税		128,159	164,869	208,794	193,446	84,152	193,446	118,691
1人当り一般財源		227,442	250,903	307,047	293,611	195,802	293,611	228,690
財政力指標	2000 F	0.358	0.265	0.484	0.416	0.537	0.402	0.402
	2011 G	0.383	0.307	0.505	0.418	0.603	0.387	0.445
	G／F	6.98	15.84	4.34	0.48	12.29	－3.73	10.70
経常収支比率		95.7	96.2	93.3	95.0	91.6	93.7	94.7
実質収支比率		0.1	0.7	5.8	1.2	1.0	0.8	0.2
実質公債負担比率		23.1	18.0	15.5	14.4	14.2	17.2	17.3
地方債現在高 H		5,792,496	1,325,779	1,559,991	1,344,546	2,020,595	2,796,426	1,221,760
H／一般財源		4.39	3.30	2.11	2.21	3.29	4.86	4.38
普通建設事業比率		16.7	18.6	18.3	9.2	11.7	17.2	16.7
補助事業比率		10.7	9.3	9.9	6.3	6.2	9.3	9.3
単独事業比率		2.8	7.5	2.0	1.9	2.9	5.7	6.0
積立金現在高 I		150,783	98,633	361,370	934,037	98,751	114,519	112,834
H／I		38.42	13.44	4.32	1.44	20.46	24.42	10.82
債務担行為額 J		242,105	42,535	577,269	89,841	84,413	108,379	22,587
J／一般財源		18.37	10.58	77.96	14.81	13.76	18.84	8.10
将来負担比率		334.8	195.0	253.8	166.2	276.2	281.5	239.7

資料　総務省「都道府県財政決算統計」

表26 原発立地道県の経済・財政指標 　　　　　　　　　　　　（単位；百万円）

区　分		福井県	静岡県	島根県	愛媛県	佐賀県	鹿児島県	全府県合計
人口 万人	1970	74.7	309.0	77.4	141.8	83.8	172.9	10,309.4
	2000	82.9	373.8	76.2	149.3	87.7	178.6	12,692.6
	2012	80.3	375.1	71.3	144.1	85.3	170.6	12,666.0
県民所得 千円	1970 A	444.4	580.6	364.5	482.3	400.7	304.8	520.2
	2006 B	2,819	3,389	2,437	2,487	2,475	2,283	3,069
	B／A	6.34	5.84	6.69	5.16	6.18	7.49	5.90
	2012 C	2,796	3,765	2,310	2,516	2,533	2,396	2,877
	C／B	−0.74	11.09	−5.21	1.17	2.34	4.94	−6.29
県税 百万円	2001 D	122,546	111,985	84,410	81,256	89,482	74,746	112,014
	2011 E	101,242	98,208	77,183	78,508	79,361	67,628	104,195
	E／D	−17.38	−12.30	−8.56	−3.38	−11.31	−9.52	−6.98
1人当り交付税		164,709	43,714	258,354	119,271	168,310	163,526	76,565
1人当り一般財源		282,099	156,183	352,880	212,613	262,387	246,116	195,363
財政力指標	2000 F	0.325	0.677	0.213	0.347	0.284	0.281	0.410
	2011 G	0.378	0.678	0.229	0.388	0.314	0.288	0.470
	G／F	16.31	0.15	7.51	11.82	10.56	2.49	14.63
経常収支比率		95.7	96.2	93.3	95.0	91.6	93.7	94.7
実質収支比率		1.7	0.9	1.9	0.7	2.6	1.1	1.3
実質公債費負担率比		17.5	15.3	16.0	15.5	14.2	17.0	13.9
地方債現在高　H		895,606	2,548,363	994,483	1,008,090	706,527	1,658,731	87,287,479
H／一般財源		3.79	3.95	3.84	3.13	3.04	3.80	3.19
普通建設事業比率		19.3	14.1	21.7	13.9	22.3	20.8	13.4
補助事業比率		12.6	7.1	11.9	6.9	11.0	13.3	7.2
単独事業比率		5.4	5.4	8.6	5.2	8.3	6.4	4.9
積立金現在高　I		78,937	156,722	78,936	65,380	67,994	115,081	7,622,570
H／I		11.35	16.26	12.60	15.41	10.39	14.41	11.45
債務負担行為額　J		18,009	104,799	76,720	23,240	48,377	50,691	5,583,451
J／一般財源		7.62	16.25	29.59	7.23	20.98	11.60	20.47
将来負担比率		204.6	248.2	183.4	183.5	130.8	240.2	217.5

資料　総務省「都道府県財政決算統計」

　長期でみてみると，1970年と2011年では，鳥取県は56.88万人から58.87万人と3.5％増加であるが，島根県は77.36万人から71.31万人と，7.8％の減少で，原発立地の島根県の人口動向は芳しくない。

府県レベルで，原発立地が，道県経済衰退に歯止めをかけた効果はみられるが，地域経済を，浮上させるまでの効果はなかった。むしろ工業コンビナートより，原発立地の経済波及効果は，少なかった。

　第2に，都道府県別に，1人当り都道府県民所得水準は，静岡県をのぞいて，全国水準より低いが，全国の水準上昇率は，1970・2000年で5.90倍であるが，原発立地道県ではどうであったか。

　道府県別では，従来，比較的所得水準の高かった，石川・静岡・愛媛県などの伸びが低く，所得水準の低かった青森・福島・島根・鹿児島県が，高い成長性を示している。鹿児島県は7.49倍という大きな伸びであるが，1970年の水準が静岡県の約半分といった低水準であったので，伸び率が大きくなった。

　1970年と2010年の成長率をみると，青森県36.8万円から234.5万円の6.37倍，岩手県37.5万円から223.4万円の5.97倍，福井県46.8万円から279.6万円と5.99倍，富山県50.9万円から290.0万円の5.70倍，島根県36.4万円から231.0万円の6.35倍，鳥取県42.2万円から226.0万円の5.37倍で，類似県の比較では，原発立地県の所得成長性は，やや大きいといえる。

　要するに原発マネーによる地域社会への資金散布が，地域の雇用・所得の底上げに寄与したといる。もっとも県経済の成長は，原発だけでなく，その他要素が大きいく，原発だけで判断するのは拙速であるが，ともあれ成長性は，原発立地県の数値が上回っていた。

　これら道県の傾向は，農業所得向上・装置型産業立地で，低水準地域経済からの浮上，主として農業からの転業効果といえるが，反

面，第 2 次産業の集積・第 3 次産業の成熟が遅れたといえる。

2006・2012 年の 1 人当り全国所得水準は，マイナス 6.29％であったが，道県別の水準は，従来，高度成長期に伸びが低かった，高所得水準の地域の伸びがよく，低所得水準地域の伸びが悪いという結果となっている。もっとも鹿児島県は，例外で 4.94％の伸びとなり，島根県の水準をこえている。

これらの動向は，道府県レベルでは，原発という起爆剤的要素で，道県全体の産業構造を高次化し，経済構造格差を克服することは容易でないことをしめしている。しかし，県経済規模が小さいと，原発の装置産業としての経済効果も，無視できない。

佐賀県がプラスの成長であり，福井県がマイナス 0.74％ときわめて小さいことである。また鹿児島県がプラス 4.94％，宮城県がマイナス 6.31％であることも，注目される。

原発マネーが，実際，地域経済を下支えした効果があった，詳細な分析で検証しなければならい。

第 3 に，地方税の動向から，地域経済を，1 人当り地方税 2001 年と 2011 年でみると，全国水準は，マイナス 6.98％と大きく落ち込んでいる。東京都を除外した全国平均 2001 年 10 万 1,771 円，2011 年 8 万 9,039 円で，12.51％の下落である。

原発立地道県は，青森県以外すべてマイナスで，青森県 8 万 3,930 円（2001 年 8 万 2,373 円）で，2001・2011 年対比 1.89％増は特筆すべき数値である。もっとも福島県 8 万 4,689 円（2001 年 9 万 6,165 円）が，11.93％の大きなく落ち込みとなっているのは，核燃料税の減収が響いており，青森県は 140 億円の核燃料税があり，財政指標の成長性であり，地域経済の成長性を正確に反映した数値

とはいえない。

なお東北六県をみると，岩手県7万4,612円（2001年度8万1,383円）－8.38％，山形県7万4,923円（2001年度8万1,503円）－8.07％，秋田県7万0,646円（2001年度7万5,9153円）－6.97％と，下落率は全国平均より大きい。ただ地方税の水準は，青森県と比較で1万円以上も差があり，原発による財政効果は否定できない。

原発マネーで財政基盤を拡充できたか

第3の課題は，原発立地道県の財政は，貧困からの離陸に成功し，財政基盤を拡充できたか。すなわち財政運営は，内部留保の厚い健全財政でなされているかである。

地方財政指標をみると，原発立地で財政的には，電源立地地域対策交付金，核燃料税，固定資産税，電力会社寄付金など，多大の金額が投入され，原発装置のための民間投資が活発に展開された。

しかし，このような財政・経済活動が，原発立地自治体の財政を，実質的に豊かにし，財政運営の健全化をもたらしたかである。新産業都市をみても，多くの県で，たしか経済は成長したが，財政は先行的基盤整備によって，膨大な地方債残高をかかえて，財政悪化の道をたどっていった。

原発立地道県の財政指標（**表25・26参照**）をみると，第1に，財政力指数は，東京都以外は，すべて交付団体であり，都道府県全体の財政力指数は2011年0.47，財政力の分布は，0.30未満9団体，0.30以上・0.50未満21団体，0.50以上・1.00未満17団体である。

原発立地道府県をみると，島根・鹿児島県は，貧困団体に分類さ

れているが，茨城・静岡県は，富裕団体の分類に属する。貧困県は，地域振興の窮余策として，原発立地を選択する窮状にあったが，茨城・静岡県は成り行きで，原発誘致を選択したともいえる。

　財政力指数の変化を，2000 年度と 2011 年度をみると，青森県 0.253 から 0.307 へ 0.054，20.16％上昇，佐賀県は，0.265 から 0.314 へ 0.049，18.49％上昇し，貧困団体から脱出し，茨城県が 0.066，福井県 0.053，上昇しているが，新潟県－3.73 と，明暗をわけている。福島・静岡・島根・鹿児島県は，ほとんど上昇していない。

　財政力指数と原発は，直接的関連がないが，原発による経済波及効果が，原発立地自治体の青森・佐賀・愛媛県では，県財政力引上げ効果をもたらしたと推測できる。

　もっとも，東北六県の動向をみると，2001 年・2011 年度をみると．岩手県 0.261 から 0.296 へと 0.35，13.41％上昇．秋田県 0.225 から 0.275 へと，0.050，22.22％の上昇，山形県 0.272 から 0.314 と，15.44％上昇となっている。したがって青森県などの伸びは大きいが，岩手県の伸びも大きいことから，必ずしも原発だけが要因とはいえない。

　第 2 に，財政収支の安定化指標として，経常収支比率をみると，都道府県 2011 年度 94.9％で，2008 年度 93.9％，2010 年度 91.9％と，指標は上下に変動している。2011 年度の経費充当率の内訳は，人件費 41.8％，扶助費 2.1％，公債費 23.3％である。

　なお 2011 年度の都道府県の状況は，80％以上 90％未満 3 団体（6.4％），80％以上 90％未満 3 団体（6.4％），100％以上 1 団体（2.1％）であるが，原発立地道県は，島根県 89.7％以外は，90％以上であり，

しかも全国平均94.9％を上回っており，財政硬直化がすすんでいるのではないか。

第3に，財政健全化指標として，実質的収支指標をみると，単年度指標であくまで参考指標であるが，都道府県の2011年度は1.3で，2000年度の0.9から上昇し，改善傾向にある。原発立地道府県をみると，北海道・青森・福島・新潟・石川・静岡・愛媛・鹿児島県が，平均以下であり，予想より悪い。

第4に，実質公債費負担比率は，2011年度都道府県平均13.9％で，地方債許可制基準（18％）以上の団体は，都道府県では7団体である。原発立地道府県は，青森県は，許可団体寸前であるが，その他は，辛うじて基準を下回っているが，数値は全国平均より高い。もっとも数値が全国的に2008年度より悪化している。

なお2011年度都道府県公債費負担比率（公債費充当一般財源／一般財源）19.4％であり，2008年度19.3％，2010年度18.9％で，指標では改善傾向にあるとはいえない。なお公債費依存度は，2011年度都道府県13,5％である。

第5に，マイナスストック指標をみると，2011年度都道府県債現在高87兆2,874億円，一般財源27兆2,828億円，歳入総額52兆1,465億円で，現在高は一般財源の3.20倍，歳入総額の1.67倍である。

原発立地道府県の水準は，全国平均より高い水準にある。原発マネーという独自財源があるので，どうしても公共投資へ傾斜した支出となり，裏負担を地方債で補填するので，地方債の残高がふくらむ。

地方債残高と一般財源の比率をみても，高水準である。ただ福島・

宮城県は，東日本大震災復興交付金で，十分に財源補填されたので，地方債を抑制でき，数値は低くなっている。普通建設事業の性質別比率をみると，全国水準より原発立地道県は，高い水準であるが，特に単独事業比率が高いことはない。

第6に，2011年度都道府県積立金現在高7兆6,226億円は，都道府県債現在高は，積立金の11.45倍，積立金はきわめて少ない。財政調整基金1兆678億円（14.0％），減債基金1兆469億円（13.7％），その他特定目的基金5兆5,079億円（72.3％）である。

原発立地道府県の水準は，全国水準と比較して，北海道・新潟県は，きわめて高い水準にあるが，財政体質として，公共投資志向が強いといえる。宮城・福島県が低いのは，東日本大震災交付金で，国庫支出金の前倒し交付をうけており，特定目基金が膨張したからで，国庫補助金のプール的基金であり，財政運営における内部留保の基金ではない。

第7に，2011年度都道府県債務負担行為現在高5兆5,835億円，一般財源比率0.20倍である。原発立地道府県の水準は，一般財源比率は，まちまちで必ずしも高いとはえない。宮城県が異常高いのは，震災復興事業が計画どおり消化できす，次年度に繰りこしたからであろう。

第8に，将来債務負担率は，地方公社や損失補償を行っている出資法人の債務負担や一般会計での地方債・退職金など，将来，負担すべき実質的な負担額の標準財政規模に対する比率である。

ただ債務に対して，債務返済に充当できる積立金・返済充当財源（使用料など）を差し引きし，返済可能財源が債務を上回っていれば，将来負担比率はゼロになる。

都道府県では，将来負担比率が200％以上300％未満では，早期健全化団体となるが，11年度都道府県をみると，100％未満2団体，100％以上200％未満15団体，200％以上300％未満28団体，300％以上350％未満1団体，350％以上400％未満1団体である。

　原発立地道府県の水準は，全国水準218％をこえるのは，北海道・茨城県などがきわめて高く，原発マネーと無関係に，公共投資志向型の結果であろう。東日本大震災の被災県である宮城県が高く，福島県がひくいのは，福島県は福島第一原発事故で，復興事業も停滞しているからである。

　青森・島根・愛媛・佐賀県が，200％以下で低いのは，極端な膨張施策を推進していないからといえる。反対に北海道・茨城・静岡県などが，高い数値なのは積極的財政の結果で，原発マネーが途切れると，苦しい財政運営を余儀なくされるであろう。

　なお歳入構成比で，原発立地道県と非原発立地県とを比較してみると，財源特定財源といっても，道県財政全体でみみれば，数％以下であり，構成比に大きな影響をあたえていない。

　歳出構成比をみても，原発立地道県が，特定財源を活用して建設事業の比率が高とか，また公債費が高いという，共通的特徴はみいだせず，各道県の財政運営の方針・性格を反映してばらばらである。

　原発立地は，県財政にとってメリットをもたらしたが，経済成長性・生産構造などの変革をもたらすだけのインパクトに欠けた。ことに東京一極集中の経済メカニズムは，原発立地地域だけでなく，一般の府県，ことに首都圏からはずれた，大阪・京都・兵庫などにも，厳しい結果となっており，覆すことは不可能にちかい。

　新産業都市は，装置型産業である，石油・鉄鋼コンビナートであ

ったので，それなりの経済波及効果があったが，原発はエネルギー基地であり，地域経済への波及効果は小さい。

　原発立地の意図は，過疎・貧困からの脱皮であったが，原発に依存していては，成長はむずかしい。地域経済を活性化には，逆に原発に依存しない，独自の内発的経済施策を，原発財源で投入し，しかも成功させる，意欲的な地域振興策が，不可欠である。

4　原発立地と都市原発財源の拡充

　市財政をみると，道県より原発関連財源の影響は，財政規模が小さいだけに大きく，かなりの財源的メリットとなっている。新潟県柏崎市の2010年度は，電源立地交付金32.54億円，固定資産税25％，22.65億円，市使用済核燃料税5.73億円の合計60.92億円で，市民税52.89億円より多い。

　それでも柏崎市は，財源不足を訴え，財政危機に瀕しているが，一般都市からみれば，一体どのような財政運営をしているのかと，不思議で仕方がないのではないか。

　原発立地都市は，原発という危険なエネルギー基地を，引き受けるには，原発特定財源を条件としたので，直接的被害が想定される地域として，電源立地交付金は，道県より直接立地団体である，市財政へ大きく配分された。なお市財政への影響は，平成大合併があり，時系列推移の変化は，補正している。

原発立地市原発特定財源の実態

　第1の課題は，原発立地町村への原発特定財源の実態分析で，電源立地交付金は，国庫交付金と道県交付金があり，道県交付金が道県によって，各市町村への配分状況は大きくことなる。

　また原発固定資産税は大きいが，地方財政統計では原発だけを，抜き出していないので推計しなければならない。

第1に，電源立地地域対策交付金（**表27参照**）で，国庫支出金として直接交付される交付金と，国庫から県経由方式で，交付される交付金の2種類がある。国庫からの道府県道への県交付金は，一部，市町村への電源立地交付金として交付されている。

表27　原発立地市の電源立地交付金　　　　　　　　　　（単位；百万円）

区分		2008年	2009年	2010年	2011年	区分		2008年	2009年	2010年	2011年
むつ市	国庫	240	341	356	1,627	御前崎市	国庫	1,989	1,162	1,117	1,413
	道	1,640	1,636	2,275	1,199		県	22	13	17	14
	計	1,880	1,977	2,631	2,826		計	2,011	1,175	1,134	1,427
柏崎市	国庫	1,373	3,100	3,254	1,726	松江市	国庫	5,981	5,740	4,964	2,816
	県	1,137	1,384	960	1,001		県	10	—	—	—
	計	2,510	4,484	4,214	2,727		計	5,991	5,740	4,964	2,816
敦賀市	国庫	2,490	2,040	2,940	1,572	川内市	国庫	729	732	718	883
	県	23	21	20	46		県	14	377	587	372
	計	2,513	2,061	2,960	1,618		計	743	1,109	1,305	1,255

資料　総務省「都市財政決算統計」

交付金は巨額であり，2011年度のむつ市は，市税の48.75％，市民税の107.45％である。それでも交付金は，交付税の基準財政収入額に算入されないので，財政力指数は0.38で，交付税122.8億円をうけ，二重の国庫支援をうけていることになる。

もっとも小規模町村への巨額の交付金は，財源調整の対象とされるべきであるが，それでも立地都市自治体には不満があり，2004年，柏崎・川内市の使用済核燃料税の創設をみているが，原発立地財源は，とめどなく膨張し，歯止めがきかない様相を呈している。

ただ福島第一原発事故の影響で，2010年度・2011年比較では，むつ市・柏崎市・松江市などは，大幅減収となっているが，財政体

質が肥大化しているので，むしろ減量化への好機としなければならい。

　第2に，固定資産税である。全額が原発立地固定資産税でなく，通常の企業立地と同様であるが，原発立地の場合，小規模市に立地した場合，極端に巨額の固定資産税収となるので，立地自治体にとって魅力的財源といえる。

　ただどこまでが，原発関連固定資産税かの算定は困難であるが，推計では80％前後が，原発固定資産税とされているが，本来の固定資産税は，一般市町村では市民税額とほぼ同額であるので，固定資産税から市民税を差し引きし，交付税基準財政収入額分の4分の3を控除した，固定資産税額の4分の1と推計するのが，もっとも妥当といえる。

　固定資産税の比率（**表28参照**）をみると，たしかに高い比率であるが，問題は償却資産であるので減少も速い。「全国原子力発電所所在地市町村協議会」の試算によると，原子炉1基，原子炉出力100万kw，建設費3,000億円のモデルケースでは，建設時約37億円，5年後約19億円，10年度10億円，15年度約5億円，20年後約2億円に激減する。

　鹿児島県川内市の事例では，1986年度55.9億円が，10年後の1996年度15.0億円，15年後の2001年度10億円に激減している。さらに固定資産税収入は，交付団体では交付税と相殺されるので，

表28　原発立地市の固定資産税　　　　　　　　　　　　（単位；百万円）

区分	2003年	2006年	2010年	2011年	区分	2003年	2008年	2010年	2011年
むつ市	2,160	2,354	2,307	2,284	御前崎市	6,639	9,137	6,980	6,619
柏崎市	13,977	10,163	9,060	9,643	松江市	8,817	11,672	11,632	12,549
敦賀市	12,399	9,141	8,614	8,559	川内市	5,056	5,828	6,395	6,718

資料　総務省「都市財政決算統計」

実質的は25％程度の増収にしかならない。

2011年度で固定資産税の市税構成比を市民税差引額をみると，むつ市39.4％（市民税差引額－3.48億円），柏崎市59.8％（49.16億円），敦賀市58.2％（37.67億円），御前崎市72.1％（43.77億円），松江市45.7％（5.50億円），川内市54.9％（24.81億円）で，さらに交付税調整減額75％を差引すると，原発固定資産税のメリットは小さくなる。

第3に，核燃料税をみると，市使用済核燃料税は，柏崎・川内市のみである。県の核燃料税は，市町村へかなり配分（**表21・22参照**）されているが，県によっては，市町村へ無配分のところもある。原発立地町村として，本来の原発立地町村も，核燃料税を賦課できるべきとの意識が，底流としてあった。

しかし，直接の動機は，「原子力発電所に係る償却資産税は急激に減少し，これまでの原子力発電所に係る地域振興策として建設された諸施設の維持管理等に十分対応できない自治体も出始めている」[9]と，財源不足の補填が，偽らざるところであった。

しかし，厳密にいえば財源問題でなく，当該立地自治体の財政運営の問題であり，いから原発財源を強化しても，財政運営が膨張志向性がつよければ，財源不足症は治癒されないであろう。

それでも柏崎市は，使用済核燃料税創設に踏み切ったが，実現への隘路は，県核燃料税と二重課税ではないかという疑問であった。市サイドは，「『課税の意義・趣旨・目的』すなわち課税の原因事実が同じであるかであるが，………核燃料税と形式的には同じとならないよう使用済核燃料の集合体数とする」[10]と弁明しているが，説得性に乏しい。

県の核燃料税は，原子炉の装填する核燃料価格賦課方式であるが，

使用済核燃料税は，文字どおり使用済核燃料の集合体への賦課としているが，「核燃料の挿入・取り出し・貯蔵が一体の行為であるにもかかわらず，核燃料の挿入と，使用済核燃料の発生・貯蔵とは別物であるので課税標準は同一でないという趣旨は，特別の条件が付加されない限り問題がある」[11]と批判されている。

　電気事業連合会は，「この負担増は，安易に電気料金へ転嫁できる状況にはないどころか，一層の料金低減を求められている中で大きな足かせとなり，国の施策を大きく阻害する」[12]と，強引な賦課に不満を呈している。

　原発立地市としては，原発財源を求めて，道府県と二重課税との批判を克服して，「使用済み核燃料税」として，2004年から鹿児島県薩摩川内市が，法定外普通税で，新潟県柏崎市が，法定外目的税として課税している。

　要するに使用前は県で，使用後，原子炉から取り出されると，市が課税する方式である。課税実績（表29参照）は，2011年度9.50億円と，かなりの税収確保となっているが，電力会社のみでなく，政府がよく認可したと思う。それだけ原発立地市に，配慮をした結果といえる。

表29　市核燃料税　　　　　　　　　　　　　　　　　　　　（単位；百万円）

区　分	2005年	2006年	2007年	2008年	2009年	2010年	2011年
新潟県柏崎市	483	530	547	558	558	573	586
鹿児島県川内市	245	260	273	293	340	354	364
合　　計	728	790	820	851	898	927	950

資料　総務省「都市財政決算統計」

Ⅱ　原発財源と立地自治体財政の変貌

　市核燃料税を，どのような事業に充当していったか，柏崎市の事務事業では，一般財源12.16億円のうち，使用済核燃料税5.73億円を充当している。具体的事業(**表30参照**)は，原発関係事業として，原子力安全教育費・原子力安全対策費などは，原子力と関連のある支出とみなされる。

　しかし，その他事業は，原子力に間接的に需要としてみとめられるにしても，一般行政への核燃料税充当であり，法定外目的税としては，必ずしも忠実な支出とはみなしえない。

表30　柏崎市使用済核燃料税財政需要集計表（2010年度）　　（単位：千円）

事業細目	事業費合計	国庫支出金	県支出金	その他	一般財源
運営的経費	684,644	14,780	26,442	13,851	629,571
原子力安全啓蒙啓発費	22,880	14,123	―	―	8,757
情報ネットワーク整備費	60,990	―	―	―	60,990
原子力防災体制整備	4,492	657	3,594	―	241
消防防災体制整備費（非常勤消防職員など）	46,474	―	―	―	46,474
原子力安全対策費（職員人件費）	118,607	―	―	―	118,607
産業振興費（企業立地事業）	18,017	―	―	―	18,017
観光振興費（誘客宣伝費）	24,609	―	―	―	24,609
交通安全費（除排雪費・道路管理費）	280,651	―	272	6,475	273,904
地域医療体制費（休日夜間急患診療費）	71,954	―	9,071	7,376	55,507
環境対策費（環境保全事業）	34,470	―	13,505	―	20,965
地域振興事業（産学連携支援）	1,500	―	―	―	1,500
投資的経費	876,193	280,995	8,450	216	551,068
消防施設整備費（消防器材整備費）	35,464	―	―	―	35,464
道路橋梁整備費	105,599	15,378	―	―	90,221
河川改修費	45,599	―	―	―	45,999
交通安全施設整備費	4,679	―	―	―	4,679
教育施設整備費（小中学校施設整備費）	684,852	265,617	8,450	216	410,569
合計	1,560,837	295,775	34,892	14,067	1,216,103

資料　新潟県柏崎市「使用済核燃料税の使途」

電源特定財源の市財政への貢献度

原発立地市における電源関係特定財源（国庫県交付金・固定資産税・核燃料税）の合計（表31参照）が、市財政へもたらした財源的効果をみると、固定資産税は、市民税差引の固定資産税25％とする。

表31　2011年度重要3財源（交付金・固定資産税・核燃料税）と原発立地市財政
（単位；百万円）

区　分	電源立地交付金	固定資産税	県核燃料税交付金	市核燃料税	合計A	A／歳入	A／市税	C／市民税
青森県むつ市	2,826	−	−	−	2,855	7.99	49.25	108.55
新潟県柏崎市	2,726	1,229	288	573	4,861	8.69	29.86	101.88
福井県敦賀市	1,618	942	35	−	2,595	4.68	16.09	54.89
静岡県御前崎市	1,427	1,094	25	−	2,546	14.53	27.72	113.56
島根県松江市	2,816	138	−	−	2,954	2.90	10.75	24.62
鹿児島県川内市	1,255	620	−	364	2,239	3.91	18.31	52.84
合　計	12,668	4,023	3,301	937	20,929	6.99	24.92	68.34

注　県核燃料税交付金は、県核燃料税課資料。
資料　総務省「都市財政決算統計」

道県と比較して、市財政では原発関連財源の影響はきわめて大きい。青森県むつ市では、電源立地交付金が、国庫交付金・道交付金とも巨額であり、人口6.3万人で財政規模も小さいので、市税と同額、市民税の2.16倍であり、財政への貢献度は抜群といえる。

むつ市の1人当り原発財源8万8,991円で、類似都市の市税12万6,891円の70.07％に匹敵し、しかも交付税19万4,210円で、類似都市9万9,892円より大きい。豊富な電源立地交付金は、交付税の歳入勘定外であり、貧困団体にとって財政指標よりはるかに潤沢な財源に恵まれたといえる。

新潟県柏崎市は，県交付金が少ないので，市核燃料税を新設しているが，他の原発立地市と比較して，財源的には高水準であり，そこまで原発財源を追求する必要はないのではないか。

　なお1人当り原発関連財源は，柏崎市5万2,391円，敦賀市3万7,619円，御前崎市7万3,306円，松江市1万5,347円，川内市2万2,328円で，御前崎市が人口3.5万人と小さいので，むつ市についで大きく，松江市が人口20.6万人と多いので最小であるが，柏崎市は比較的高水準である。

　福井県敦賀市は，県核燃料税交付金が，福島第一原発事故で，少なくなったのが響いているが，それでも市民税の半分はある。御前崎市は，町村合併で市になっても，財政規模が小さいので，原発マネーの影響は大きい。

　松江市は，県庁所在市であり，原発マネーはストレートには寄与しないが，市民税の4分の1は，それなりの収入源といえる。鹿児島県川内市は，8町村を合併し，人口も10万人を突破したので，原発マネーの恩恵は，大きく後退したが，それでも市税の4割に匹敵する。

　なお電源立地促進交付金・核燃料税が，実質的に財政力指数をいくら引き上げているかをみると，むつ市では2011年度基準財政需要133.9億円，基準財政収入額50.6億円で，財政力指数0.38である。しかし，一般財政化した交付金・核燃料税258億円を加算すると，単純計算では0.59となり，0.21ポイント上昇したが，普通交付税99億円の交付をうけおり，原発立地市はきわめて有利な地方財政システムの恩恵を満喫している。

5 都市原発財源の経済・財政効果

原発で都市経済・市民生活はどう変化したか

　原発立地の選択評価は，立地都市は，悲願の過疎脱却・後進経済からの脱皮がきたか，また原発立地によって地域経済の高次化・地域社会の成長がみられたかである。原発立地は，都市経済・市民生活にどのような効果をもたらしたかを，2000年と2011年の経済・財政指標（**表32参照**）から追跡してみる。

　都市経済・財政は多様であり，単純に比較できないが，地方財政分析では，人口規模・産業構成などで，類型化して市税・交付税の構成比・1人当り金額を算出しているので，その比較でみてみる。

　第1に，人口規模の変化は，町村合併が行われ，周辺農村を吸収したので，統計上は，人口減少の影響をうけていない。合併調整をした人口推移をみると，増加は敦賀・松江市のみで，敦賀市は778人の増加であり，松江市は，大規模な町村合併を実施しているが，人口増加をみているのは，県庁所在都市として，第3次産業の成長があったからであろう。

　柏崎市・敦賀市など，都市成長が見込まれる都市であったが，柏崎市は微減，敦賀市は微増である。さすがに原発効果があり，大幅な人口減少はみられないが，逆に原発だけでは，都市の成熟は難しいといえる。

　第2に，都市産業の動向である。原発立地都市は，第3次産業の

Ⅱ　原発財源と立地自治体財政の変貌

比率は，御前崎市以外は，高い水準にある。2001・2011年の第3次産業比率をみると，柏崎市は56.1％から60.3％，敦賀市も65.1％から68.9％，御前崎市も44.4％から50.2％，川内市も59.6％から63.6％へと伸びている。例外はむつ市で，72.9％から72.9％と増加なしてある。

　もっとも一般中小都市でも，2001・2011年で，第3次産業比率は上昇しており，福井県勝山市をみても，48.8％から57.4％へ上昇しており，原発立地都市の第3次産業化は，原発産業に支えられたものとはいえず，一般市でも3次産業化はすすんでいった。

　さらに都市経済を，鹿児島県の2010年「市町村経済計算」（**表32・33参照**）でみると，川内市（人口9万9,589人），鹿屋市（人口10万5,070人），霧島市（人口12万7,487人）を比較してみる。

　総生産額（**表32参照**）は，川内市は，原発立地で第2・3次産業の比率が高いこともあり，総額は大きい。1人当りでは，川内市509.9万円，鹿屋市309.8万円，霧島市374.0万円と，川内市は鹿屋市の1.65倍の大きなである。

　第2次産業生産額は，川内市37.84％で，鹿屋市より高いが，霧島市とあまり差がない。第3次産業は，川内市2,796億円，鹿屋市2,503億円と大差はない。もっとも川内市の3次産業は，第2次産業比率が高い分，鹿屋市より比率は低くなっている。

　ただ川内市3次産業は，電気・ガス・水道（公営除外）事業が，15.23％ときわめて高い構成比となっているが，典型的3次産業の卸小売307億円，金融78億円，情報通信64億円で，鹿屋市は卸小売365億円，金融127億円，情報通信101億円，霧島市も卸小売302億円，金融83億円，情報通信136億円と，川内市は，第

107

3次産業のうちでも，都市的サービスの成熟度は低い。

川内市は，原発という装置産業で，生産額は大きいが，原発に傾斜した産業構造で，地域への経済効果の波及はひろがらず，地域経済としての波及効果は，特定産業に限定されている。

表32　2010年鹿児島県市町村総生産　　　　　　　　　　　（単位；百万円，%）

区分	総生産	第1次産業 総額	比率	第2次産業 総額	比率	第3次産業 総額	比率	うち電気ガス水道 総額	比率
鹿屋市	325,515	14,207	4.36	59,579	18.30	250,262	76.88	4,934	1.52
川内市	449,146	6,016	1.34	161,524	35.96	279,580	62.25	68,383	15.23
霧島市	476,814	7,109	1.49	166,355	34.89	301,201	63.17	8,515	1.79

資料　鹿児島県「2010年市町村民総生産」

市民所得額（表33参照）を1人当りでみると，川内市265.0万円，鹿屋市231.1万円，霧島市231.1万円で，川内市の水準は高いが，民間法人所得が，押しあげているからである。

雇用者報酬を，2・3次産業人口でみると，1人当りは，川内市379.9万円（2・3次産業人口4万511人），鹿屋市347.7万円（2・3次産業人口4万804人），霧島市402.5万円（2・3次産業人口5万457人）で，川内市は霧島市より低い。原発産業の市民所得水準の市民所得向上への寄与度は，あまり大きくないといえる。

表33　2011年度鹿児島県市町村分配所得　　　　　　　　　　　（単位；百万円）

区分	市民所得	雇用者報酬 総額	比率	企業所得 総額	比率	うち民間法人 総額	比率	うち個人企業 総額	比率
鹿屋市	242,791	153,157	63.08	59,003	24.30	56,624	23.32	22,010	9.07
川内市	263,936	153,888	58.31	99,880	37.84	80,810	30.62	18,905	7.16
霧島市	333,066	203,105	60.98	117,520	35.28	93,269	28.00	23,880	7.17

資料鹿児島県「2010年市町村民所得分配」

第3に，2011年度市税の1人当り水準は，『地方財政白書』の分析では，人口10万人の中都市14.56万円，人口10万人未満12.6万円で，原発立地都市でもまちまちである。

　むつ市はきわめて低い水準であるが，松江市・川内市も平均以下で，柏崎・敦賀・御前崎市が，平均を上回っているが，固定資産税が，水準を押し上げている。

　市税構成比でみると，固定資産税比率は，御前崎市72.1％，柏崎市59.8％，敦賀市58.2％と高く，松江市45.7％，川内市54.9％と低く，固定資産税が少ないと，市税水準も低いことがわかる。

　ただ市民税比率は，敦賀市は個人市民税23.4％，法人市民税9.2％と高水準であるが，松江市の個人市民税33.4％，法人市民税10.3％と比較して，都市経済は未成熟といえる。

　ことに市税1人当りの類似団体比較では，むつ・松江・川内市は低く，柏崎市は高いが，標準との差は余りない。敦賀・御前崎市が，全国水準の2倍以上となっているだけである。

　法人市民税構成比をみると，敦賀市9.2％，御前崎市6.6％で特に高水準ではない。新潟県上越市10.3％，三条市10.1％，燕市10.0％，福井県越前市18.2％で，原発立地市の法人集積が，特段すすんでいるとはいえない。

　要するに原発マネーで，40年近く地域振興策を模索してきたが，都市産業の形成には成功していない。地理的ハンディを考えると，財源だけで地域産業高度化には，限界があるといえる。

原発財源で財政基盤は拡充できたか

　第3の課題は，原発立地で立地自治体の財政（表34参照）は，貧

困からの離陸に成功し，財政基盤を拡充できたかである。すなわち財政運営は，内部留保の厚い健全財政でなされているかである。

表34　原発立地と市財政（2011年度）　　　　　　　　　　　（単位；百万円）

区　分		むつ市	柏崎市	敦賀市	御前崎市	松江市	川内市
人口 人	1995年	69,876	101,383	67,204	35,316	193,968	107,640
	2001年	68,972	96,206	67,699	35,059	195,280	105,362
	2012年	63,220	90,059	67,982	34,272	205,823	99,663
第1次産業 %		5.6	3.8	2.2	10.4	4.6	7.4
第2次産業 %		21.5	35.9	28.9	39.4	19.4	28.9
第3次産業 %		72.9	60.3	68.9	50.2	76.1	63.6
市　　税		5,797	16,131	14,693	9,184	27,472	12,228
1人当り　円		91,699	179,118	216,144	267,985	133,473	122,692
類似団体1人当り 円		126,891	149,118	130,863	115,447	162,009	126,892
個人市民税		2,279	3,919	4,304	1,637	12,549	3,212
1人当り 円		36,049	43,516	63,281	47,765	32,159	32,229
法人市民税		351	808	1,362	605	6,619	1,025
1人当り 円		5,552	8,972	20,035	17,653	32,159	10,285
地方交付税		12,277	8,432	582	1,142	25,346	18,086
1人当り 円		194,210	93,637	8,564	33,293	123,146	181,478
類似団体1人当り 円		99,892	71,891	81,489	184,282	18,025	181,478
一般財源		19,013	26,167	16,496	11,141	56,227	32,080
1人当り 円		300,750	290,561	242,660	325,076	273,182	321,885
類似団体1人当り 円		243,680	238,514	227,479	319,446	195,934	243,680
財政力 指数	2001年	0.52	0.97	1.26	0.58	0.66	0.64
	2011年	0.38	0.74	1.01	1.26	0.55	0.46
経常収支比率		98.0	96.1	89.4	78.4	89.8	91.2
実質的収支比率		0.6	6.7	9.2	1.26	1.10	5.5
実質公債費負担比率		14.9	20.0	9.4	4.3	18.1	10.1
地方債現在高 A		37,307	56,284	19,471	4,450	140,932	54,440
A／一般財源		1.96	2.15	1.18	0.40	2.51	1.70
積立金現在額 B		1,916	11,936	10,127	9,396	15,120	15,410
A／B		19.47	4.72	1.92	0.47	9.32	3.53
債務負担行為 C		4,284	8,744	2,154	1,144	20,971	7,490
C／一般財源		0.23	0.33	0.13	0.10	0.37	0.23
将来負担比率		14.9	129.7	36.9	—	192.0	51.1.

注　人口13.3.31，愛知県御前崎町は，2004年4月，浜岡町と合併し，御前崎市になった。島根県松江市は，2004年4月，周辺7町編入，鹿児島県薩摩川内市，2004年10月，周辺8町村編入，むつ市2005年3月，周辺3町編入，柏崎市2005年5月，周辺2町編入がり，1995・2011年人口は，旧合併町村を加算した。
資料　総務省「都市財政決算統計」

II 原発財源と立地自治体財政の変貌

第1に，財政力指数で財政力をみると，2011年の市町村財政力0.51，中核市0.77，特例市0.85，中小都市0.61である。中小都市684の財政力の平均0.61で，0.30未満51市（7.4％），0.30以上0.5未満214市（31.1％），0.50以上1.0未満364市（53.4％），1.0以上55市（8.0％）である。

原発立地市の財政力指数をみると，敦賀・御前崎市が1.00をこえているが，柏崎市0.74と低く，むつ市0.38，松江市0.55，川内市0.46と，より低水準である。

原発立地だけでは，財政力指標上昇は困難であり，人口企業の集積によって，はじめて本格的富裕都市となれる。御前崎市に代表されるように，小規模都市に大規模原発が立地し，固定資産税収入によって，財政指標だけが上昇していったといえる。

第2に，財政安定化指標として，経常収支比率をみると，市町村全体では2011年度90.3％で，2008年度91.8％，2010年度89.2％と，指標は変動している。2011年度の経費充当率の内訳は，人件費25.4％，扶助費10.5％，公債費19.0％である。

2011年度中都市（人口10万人以上）で，70％以上80％未満2.4％，80％以上90％未満46.1％，90％以上100％未満49.1％，100％以上2.4％である。小都市（人口10万人未満）で，70％以上80％未満1.7％，80％以上90％未満56.0％，90％以上100％未満46.6％，100％以上1.7％である。

原発立地都市は，100％をこえる都市もないが，80％以下は御前崎市のみで，原発マネーは，むしろ公共投資・行政サービスに充当され，財政安定化という視点からの運営はなされていない。

第3に，財政健全化指標として，実質収支指標をみると，単年度

で指標でありあくまで，参考指標であるが，中小都市の2011年度は5.7ポイントで，2008年度4.4，2010年度5.0から改善している。原発立地市をみると，敦賀・柏崎市は，標準市よりよいが，その他都市は平均以下であり，財政膨張でかなり苦しい財政運営となっている。

第4に，実質公債費負担比率は，2011年度中小都市平均5.7で，地方債許可制基準（18％）以上の団体は，市全体で46団体である。中小都市の2011年度10.5，2008年度12.6，2010年度11.2から改善している。原発立地市の状況は，柏崎・松江市が高い水準であり，公債依存症がみられる。

第5に，2011年度市町村公債費負担比率16.4％で，2008年度17.6％，2010年度16.5％で改善している。原発立地市の水準は，極端に高水準の市はない。それでも柏崎市は20.8％と，敦賀市10.9％の2倍である。

地方債を活用した積極的財政のバロメーターであるが，原発マネーが不安定財源であることを考えると，10％前後に抑制すべきであろう。また公債費依存度は，2011年度市町村8.7％である。

第6に，マイナスストック指標として，地方債現在高をみると，2011年度市町村債現在高55兆9,051億円，一般財源29兆8,288億円，歳入総額54兆7,763億円で，現在高は一般財源の1.87倍，歳入総額の1.02倍である。

原発立地市の水準は，府県財政のよおうに高水準ではない。松江市のみが2.51倍と高い水準であり，人口急増都市でもなく，財政運営としては警戒すべき兆候である。

第7に，2011年度市町村積立金現在高11兆8,966億円，市町村債現在高の積立金比率4.70倍，積立金はきわめて少ない。財政

調整基金4兆5,319億円（38.1％），減債基金1兆2,221億円（10.3％），その他特定目的基金6兆1,439億円（51.6％）である。

原発立地市の水準は、むつ市・松江市以外は、積立金・地方債比率では健全性がみられる。本来、原発マネーは、臨時的収入として、財源調整基金として留保するのがのぞましいといえる。

第8に、2011年度市町村債務負担行為現在高7兆4,546億円、一般財源比率0.24倍である。原発立地市の水準は、概して低水準であり、外郭団体などの無理な債務補償が少ないからであろう。

第9に、2011年市将来債務負担率は、将来負担比率200％以上1300％未満では早期健全化団体となるが、11年度市をみると、100％未満574団体（72.2％），100％以上200％未満198団体（25.1％），200％以上300％未満16団体（2.0％），300％以上350％未満1団体（0.1％)である。

原発立地市の水準は、御前崎市がゼロで優等生であるが、地域経営などの積極的事業展開がなされていないからともえる。都市成長が鈍化した状況では、無理な投資は財政破綻をなりかねない。

原発立地市の財政構造

原発立地市の財政構造をみると、中都市（人口10万人以上）は、松江市のみで、その他は小都市（人口10万人未満）で、標準構成比との比較でみてみる。ただ構成比は、特定項目が突出して、高い構成比をしめすと、その他は下落するので、相体的指標である。

第1の財政構造分析として、歳入構造（**表35参照**）をみると、第1に、財政規模は、原発立地市は、柏崎市は標準市の1.33倍で、原発マネーという特定財源で、建設事業を活用して積極的財政運営をして

きたからであろう。御前崎市も高いが，町村合併による後遺症ではなかろうか，単独事業比率が 15.6％ と，異常な比率となっている。

第 2 に，地方税比率は，御前崎市が，非常に高い水準となっている。御前崎市の市税構成比は，固定資産税 72.1％ と高く，個人・法人市民税比率 24.4％ と，都市経済の集積による市税収入を，反映した構造になっていない。

第 3 に，地方交付税比率は，財政力指標に比例して低下するが，むつ市は財政力指数 0.38 で，交付税比率 34.4％ と高いのは，原発立地でも地域経済が停滞しているためである。しかし，財政的には，財源財源と交付税財源と，二重財源補填をうけられるので，実質的には財源的余裕が，発生しているはずである。

敦賀市は財政力 1.01 で，交付税の財源補填は小さく，歳入構成比 1.8％ しかないが，つくば市も財政力 1.01 であるが，交付税構成比 4.8％ と高い配分である。交付税の差は，約 20 億円となっているが，敦賀市が補助行政を重視する，慎重な財政運営をしていれば，ここまで大きな差となっていなかったであろう。(13)

表 35　2011 年度原発立地自治体財政の歳入構成比　　　　　（単位：％）

区分	むつ市	柏崎市	敦賀市	御前崎市	松江市	川内市	中都市	小都市
地方税	16.2	29.1	46.5	52.4	27.0	21.0	39.0	27.3
交付税	34.4	15.2	1.8	6.5	24.9	31.6	14.3	27.6
国庫支出金	16.6	11.7	14.3	14.8	15.1	12.4	14.9	13.3
県支出金	9.2	6.5	6.4	5.7	7.4	7.5	7.2	7.2
地方債	9.5	9.1	5.7	0.2	9.0	9.7	8.3	8.9
その他	14.1	28.4	25.3	20.4	16.6	17.8	16.3	15.7
合計	100.0	100.0	100.0	100.0	100.0	100.0	100.0	100.0
1 人当り	655	614	464	511	494	571	373	461

第4に，国庫支出金をみると，意外と原発立地市の比率は低い。原発マネーといっても，国庫支出金全体の数％であり，数値に影響するほどのことはない。むしろ市税・交付税の比率が高いと，国庫支出金比率も低下する。

第5に，地方債比率も，相対的に低く，御前崎市のように健全財政運営を展開していると，当然，地方債比率は低下する。柏崎・敦賀市など，公共投資重視の自治体もみられるが，原発立地市でも，次第に行政サービスへの転向がみられる。

第2に，歳出構造（**表36参照**）をみると，第1に，人件費はつくば市が高い水準であるが，給与水準は，月額33.42万円で，むつ市31.37万円，柏崎市32.61万円でやや高い程度であるが，敦賀市29.47万円と比較すると高い。非原発立地市の新発田市30.76円，燕市31.45万円とひくいが，鯖江市32.13万円との比較では高くない。

表36　2011年度原発立地市の歳出構成比　　　　　　　　　　（単位：％）

区　分	むつ市	柏崎市	敦賀市	御前崎市	松江市	川内市	中都市	小都市
人件費	13.0	13.3	15.6	17.7	14.6	17.7	17.4	16.9
扶助費	16.6	9.7	15.7	10.1	19.8	17.0	22.0	16.8
公債費	9.0	13.1	8.0	3.9	13.0	12.9	10.5	12.0
物件費	9.3	11.0	14.8	16.2	12.5	9.9	13.8	13.4
積立金	4.0	0.7	0.6	6.8	1.5	8.2	2.1	1.6
繰出金	7.0	5.1	10.7	9.3	5.7	9.9	―	―
普通建設事業	8.6	16.3	20.3	15.9	11.8	17.5	11.3	12.1
補助事業	3.4	10.6	4.0	1.7	6.5	6.7	4.7	5.2
単独事業	5.1	6.0	15.6	13.9	6.0	10.5	6.3	7.0
その他	35.5	20.5	23.1	27.2	20.2	16.8	―	―
合　計	100.0	100.0	100.0	100.0	100.0	100.0	100.0	100.0

第2に，公債費は，原発立地市は，御前崎市が10.2ポイントと，きわめて低い水準であるが，市債現在高と一般財源の比率は，2.51と悪い数値であった。これは過去の市債発行の後遺症であって，現在は市債発行を極力抑制しているといえる。

　原発立地市の水準は，標準市とほぼ同水準である。柏崎市は，公債費がやや高いが，積立金が少なく，出資金・貸付金，普通建設事業の比率が高いことから，公共投資重視の財政運営といえる。

　第3に，繰出金は，上下水道・病院・健康保健への財政補填であるが，川内市をみると，公営企業・保健会計などの繰出金でなく，繰出金55.6億円のうち，その他繰出金30.9億円がみられるが，開発型外郭団体への財政支援とすると，財政危機の要因となりかねない。

　第5に，普通建設事業の比率は，原発立地市は，いずれも高水準にある。柏崎・敦賀・川内市が高い数値であるが，補助事業は柏崎市が高く，単独事業は敦賀市が高いという特徴がみられる。

　これら財政指標から，原発立地市の財政運営をみると，膨大な原発財源で，建設事業・行政サービスを積極的に展開しているが，極端な財政悪化をきたしていない。

　しかし，内部留保の大きい健全財政かというと，むしろ債務負担の大きさがみられる。将来，原発財源の減少などを考えると，背伸びした財政は，財政基盤は脆弱であり，原発マネーが減少すると，一転して財政危機に見舞われる，危険性が潜んでいるといえる。

6　原発立地と町村財政の肥大化

　原発立地交付金の立地町村への財源的影響は，財政規模が小さな町村財政ほど，大きな影響をうけるので，道県より都市，さらに都市より町村となる。北海道泊村は，2011年人口1,911人，村民税1.12億円で，電源立地交付金8.03億円と，7.17倍と驚異的倍率である。

原発特定財源の町村財政での比率

　第1の課題は，原発立地町村への原発特定財源の実態分析で，電源立地交付金・原発固定資産税・道県核燃料税交付金が，町村財政でどの程度の比率を占めているのかである。

　第1に，2011年度電源立地地域対策交付金総額（**表37参照**）を1人当りでみると，北海道泊村5.64億円（1人当り29万5,133円）・青森県六ヶ所村25.70億円（1人当り22万9,300円），宮城県大熊町22.71億円（19万7,329円）・福井県高浜町20.27億円（18万2,530円）で，いずれの町村民税1人当り（**表43参照**）を上回っている。

　交付金と町村民税との比率をみると，2011年度泊村9.26倍，六ヶ所村2.73倍，福島県大熊町7.03倍，福井県高浜町2.22倍と，いずれも高い倍率である。簡単に20億円．30億円というが，町村税収入を上回っており，一体，どのような事業に充当しているのか。

人口1万人前後の町村で，1億円の経費削減，財源捻出となると，血のにじむの苦痛を耐えなければならない。原発立地町村が，いとも簡単に10億円前後の財源が，懐に転がり込んでくるのは，他町村にとって羨望の的である。

表37　原発立地町村の電源立地地域対策交付金（国庫・道県交付金）

(単位；百万円)

区　分	2003年	2008年	2010年	2011年	区　分	2003年	2008年	2010年	2011年
北海道泊村	560	671	1,853	564	茨城県東海村	1,216	1,259	1,218	1,216
青森県六ヶ所村	2,570	1,376	1,751	2,570	新潟県刈羽村	1,021	925	955	1,022
青森県東通村	3,390	2,878	990	3,455	石川県志賀町	613	469	512	613
宮城県女川町	720	360	434	720	福井県高浜町	2,654	1,726	1,752	2,027
福島県大熊町	2,271	1,488	1,687	2,271	福井県おおい町	2,399	2,254	2,460	2,113
福島県双葉町	990	1,841	1,975	991	福井県美浜町	1,539	2,554	2,460	2,113
福島県楢葉町	951	902	904	950	愛媛県伊方町	1,635	1,035	1,550	1,635
福島県富岡町	986	885	926	987	佐賀県玄海町	1,653	1,373	1,489	1,653
茨城県大洗町	814	787	731	814	合　計	25,982	22,783	23,647	25,514

資料　総務省「都市財政決算統計」

　第2に，固定資産税（**表38参照**）は，全額が原発立地固定資産税でないが，魅力的財源といえる。ただどこまでが原発関連固定資産税かの算定は困難であるが，2011年度全国的市町村税比率では，市町村民税42.7％，固定資産税44.0％と，ほぼ同額であるので，一般固定資産税を，町村民税額と差し引きた分が，原発関係固定資産税とみなすことができる。

　ただ固定資産税は，交付税の基準財政収入額に算入されるので，差額の25％のみが財源寄与額（**表39参照**）となるが，それでもかなりの巨額である。北海道泊村でみると，村民税1.12億円，差引固定資産税26.75億円，その25％は6.69億円しかないが，それでも村民税の5.97倍となる。

町村税における比率は，泊村・女川町は9割をこえており，固定資産税以外，町村税収入はほとんどなく，租税からみても原子村といえる。ただ原発立地町村の固定資産税は，2008年・2011年度で減少しているが，新規原子力発電所の建設がないと，既存発電所だけでは，原価償却が急速にすすみ，減少はさけられない。

表38　原発立地町村の固定資産税　　　　　　　　　　（単位；百万円，％）

区分	2008年 金額	対町村税	2011年 金額	対町村税	区分	2008年 金額	対町村税	2011年 金額	対町村税
北海道泊村	1,882	87.6	2,784	95.3	茨城県東海村	6,501	58.3	8,193	67.2
青森県六ヶ所村	5,488	84.7	5,979	85.8	新潟県刈羽村	3,907	92.0	2,574	88.8
青森県東通村	4,231	92.1	3,226	91.3	石川県志賀町	2,749	72.6	5,093	78.6
宮城県女川町	3,910	87.5	3,239	92.2	福井県高浜町	3,056	80.6	2,666	72.2
福島県大熊町	3,307	75.2	2,102	86.3	福井県おおい村	5,177	91.4	3,326	78.8
福島県双葉町	1,641	80.4	1,269	91.1	福井県美浜町	2,139	74.4	1,937	61.4
福島県楢葉町	2,282	78.1	1,493	89.2	愛媛県伊方町	3,052	87.9	2,204	79.5
福島県富岡町	2,736	71.8	1,292	76.6	佐賀県玄海町	4,383	90.8	2,817	88.4
茨城県大洗町	2,091	63.7	1,840	59.8	合計	58,532	86.4	52,034	79.1

注　税額・比率は，合併補正はしていない。
資料　総務省「町村財政決算統計」

町村民税数倍の原発関連財源

第3に，原発関連収入合計額（**表39参照**）をみると，電源立地交付金は，国庫交付金と道県交付金があり，固定資産税は，市固定資産税推計と同様に町村民税との差引額の25％とする。

原発立地町村の原発関連財源は，驚異的な金額であり，通常の財政セオリーをこえる状況である。歳入総額に対する比率は，東通村41.25％で，4割以上が原発財源である。東通村は財政力指数1.00であり，通常の財政以外，4割の余裕財源があることになる。

最低の女川町でも，歳入総額の5.41％であり，歳出の人件費4.3

％は，すべて原発マネーでまかなえ，普通建設事業10.3％で，半分は原発財源で処理できる。補助事業8.9％あり，全額裏負担に充当できるのではないか。

表39　2011年原発立地町村の原発関連財源　　　（単位；百万円・％）

区　分	国庫電源交付金A	道県電源交付金	固定資産税	県核燃料税	合計B	B／歳入総額・％	B／町村民税・％	A1人当り・円	B1人当り・円
北海道泊町	544	20	669	—	1,233	29.77	42.21	284,668	645,212
青森県六ヶ所村	2,311	259	1,283	—	3,853	28.59	453.83	206,192	343,772
青森県東通村	3,030	425	745	—	4,200	39.82	1,721.31	415,239	575,579
宮城県女川町	598	122	753	62	1,535	5.41	682.22	61,662	158,280
福島県楢葉町	884	67	331	390	1,672	21.03	995.83	110,348	208,713
福島県富岡町	972	14	229	440	1,665	14.37	442.82	61,402	105,180
福島県大熊町	2,252	19	446	452	3,169	31.42	978.09	195,741	275,445
福島県双葉町	990	0	291	176	1,457	18.16	1234.75	142,671	209,973
茨城県東海村	1,205	11	1,313	76	2,605	12.24	88.57	31,843	68,839
茨城県大洗町	808	6	243	23	1,090	10.24	125.43	44,547	60,095
新潟県刈羽村	827	195	576	54	1,652	19.27	405.20	169,955	338,109
石川県志賀町	613	0	989	—	1,602	11.56	140.65	26,288	68.699
福井県高浜町	2,017	636	438	51	3,142	24.25	344.90	181,630	282,936
福井県おおい町	2,011	388	624	67	3,090	27.88	371.39	229,776	353,602
福井県美浜町	1,523	16	209	32	1,780	19.61	161.38	143,058	167,199
愛媛県伊方町	1,244	391	428	150	2,213	19.98	449.80	108,665	193,222
佐賀県玄海町	1,446	207	628	—	2,281	28.92	750.33	224,515	353,589

注　県核燃料税の算出数値。
資料　総務省「町村財政決算統計」

　町村民税対比では，原発財源が数倍という町村が，おおくみられ，低い志賀町でも1.41倍で，町村民税は，無税にしても交付税があり，財政運営ができる。愛媛県伊方町は，財政力指標0.53で，交付税が町村税の1.19倍あり，原発マネーが4.50倍と両方で，町村税の5倍以上の補填財源を，調達できたことになる。

　原発マネーは，一般の町村税のように交付税で，調整されることもないし，国庫補助金の認証で，原発マネーがあるから減額されたり，事業認証からはずされたりする，不等待遇はうけていない。逆

に立地町村は，原発マネーを，補助裏財源として，思い切って補助事業を，導入する余裕がる。

1人当り国庫電源立地交付金は，1人当り町村民税（**表 43・44 参照**）と比較してみると，東通村84.69％，大熊町92.58％，大洗町98.18％と，町村税と匹敵する金額であり，一般の国庫補助金では考えられない額である。

原発関連財源の1人当りとなると，町村民税・国庫支出金に匹敵するが，人口でみると，小規模町村が大きな金額となっているが，原発立地町村でもばらつきがあるが，標準町村との比較でみると，泊村64.8万円，東通村59.6万円という金額は，一般町村税の数倍であり，想像を絶する水準である。

なお1人当り原発財源は，六ヶ所村34.4万円，女川町15.8万円，楢葉町20.8万円，富岡町10.5万円，大熊町27.5万円，双葉町21.0万円，東海村6.9万円，大洗町6.01万円，刈羽村35.4万円，志賀町6.9万円，高浜町28.3万円，おおい町35.4万円，美浜町16.7万円，伊方町19.3万円，玄海町35.4万円と，いずれもかなりの財源である。

なお電源立地促進交付金・核燃料税が，実質的に財政力指数をいくら引き上げているかをみると，なお電源立地促進交付金・核燃料税が，実質的に財政力指数をいくら引き上げているかをみると，福島県双葉町は，0.84から1.47へ大きく上昇するが，普通交付税2.95億円はそのままである。愛媛県伊方町は，0.52から1.11に上昇するが，普通交付税29.5億円は安泰である。一般財政化した交付金・核燃料税をうけながら，交付税の支給もうけ，一般町村と比較して地方財政における政府財政支援できわめて優遇されている。

貧困町村は，交付税補填があるといっても，交付税の大半は義務的経費に充当されるが，原発財源は，義務的経費以外の財源であり，財源的効用は数倍の差があり，原発立地町村の財政的優位は，絶対的といえる。

7 原発立地町村財政の多様性

立地町村は過疎脱却・後進経済脱皮ができたか

第2の課題は,原発立地によって,立地町村は,悲願の過疎脱却・後進経済からの脱皮ができたか,原発立地にとって地域経済の高次化・地域社会の成長がみられたかで,社会・財政指標(**表40・41参照**)から追跡してみる。

表40 福島県相双地区町村の所得状況 (単位;千円;百万円)

区分	総生産額 総額	総生産額 1人当り	第1次産業 総額	第1次産業 構成比	第2次産業 総額	第2次産業 構成比	第3次産業 総額	第3次産業 構成比	うち電気・ガス・水道業 総額	うち電気・ガス・水道業 構成比
楢葉町	94,368	12,255	612	0.65	7,377	7.82	85,954	91.08	72,214	76.52
富岡町	121,380	13,273	1,689	1.39	4,950	4.08	114,182	94.07	78,114	64.35
大熊町	128,963	11,200	1,697	1.32	13,478	10.45	113,182	87.76	86,243	66.87
双葉町	55,250	7,970	517	0.94	3,900	7.06	50,579	91.55	38,114	68.98
広野町	78,519	14,492	317	0.40	9,424	12.00	68,416	87.13	58,224	74.15
川内村	7,217	2,559	1,035	14.34	866	12.00	5,282	81.50	60	0.83
浪江町	59,893	2,865	2,351	3.92	20,569	34.34	36,698	61.27	2,051	3.42
葛尾村	3,171	2,071	335	10.56	490	15.45	2,331	73.51	4	0.13
新地町	41,083	4,996	1,206	2.94	6,044	14.71	33,644	81.89	21,664	53.73
飯舘村	12,781	2,058	1,845	14.44	3,459	27.06	7,418	58.04	85	0.67

注 人口は2010年国調,合計比率は,その他があるので100%にはならない。
資料 2010年度福島県「市町村民経済計算」

第1に,人口規模の変化は,町村合併が行われているが,合併補正をして2001年・2012年で見ると,宮城県大熊町・茨城県東海村以外は,人口はすべて減少している。青森県東通村は,1995・

2001年では増加していたが，2001・2012年は12.33％の減少である。

原発というエネルギー基地産業だけでは，地域経済への波及効果は大きくなく，関連産業で雇用が増加しても，全体としての人口減少に歯止めをかけることはできなかったといえる。

北海道神恵内村は，2001年1,246人が，2011年1,038人と16.69％減，青森県三戸町2001年1万3,817人から2011年11,906人と13.81％の減少で，原発立地町村と比較して，減少率はやや大きく，原発立地は，町村人口の減少率を，小さくする効果があったがわずかである。

第2に，地域産業の動向を，第3次産業人口比率でみると，町村としては比較的高い水準を維持している。3次産業の比率は，2000年・2010年の国調では，北海道泊村66.7％から68.8％へ，青森県六ヶ所村も41.3％から46.9％へ上昇している。しかし，北海道神恵内村も56.9％から63.6％へ，青森県三戸町も43.9％から48.7％と上昇している。3次産業化は，一般的傾向で，原発立地町村がとくにすすんだとはいえない

第3に，2011年度町村税1人当り水準は，『地方財政白書』の分析では，人口規模・産業構造で水準はことなるが，平均9万2,085円から12万3,758円と算出されている。

原発立地町村（**表41参照**）は，人口規模に関係なく，町村税水準はきわめて高い。泊村は類似町村の9.22倍である。固定資産税が，水準を引き上げている。

もっとも一般財源でみると，交付税の財政調整の影響を大きくうけて，泊村でも類似団体の1.98倍となり，大洗町のように0.90倍

と平均水準以下となっている。原発財源で押し上げた水準は，交付税で大幅に調整されている。

表41 福島県相双地区町村の所得状況　　　　　　（単位；千円，百万円）

区 分	人 口	町村民所得 総額	町村民所得 1人当り	町村民雇用者報酬 総額	町村民雇用者報酬 1人当り	企業所得 総額	企業所得 1人当り	県平均100とした所得水準
楢葉町	7,700	32,956	4,280	13,356	1,735	18,779	2,439	165.5
富岡町	16,001	61,059	3,816	28,062	1,754	26,329	1,645	147.6
大熊町	11,515	52,245	4,537	25,079	2,178	25,958	2,254	175.5
双葉町	6,932	25,728	3,711	13,486	1,945	11,496	1,658	143.4
広野町	5,418	26,589	4,907	10,147	1,873	15,866	2,928	189.8
川内村	2,820	5,452	1,933	3,767	1,336	1,383	490	74.8
浪江村	20,905	51,630	2,470	33,832	1,618	15,585	746	95.5
葛尾村	1,531	2,448	1,599	1,618	1,057	667	436	61.8
新地町	8,224	21,589	2,625	11,620	1,420	9,104	985	101.5
飯館村	6,209	10,421	1,678	6,611	1,065	3,152	507	64.9

注　人口は 2010 年国調
資料　2010 年度福島県「市町村民経済計算」

　町村税の水準は，原発立地町村の経済力を，必ずしも反映した数値でなく，地方財政制度特有の水準であり，町村民税でみると，泊村 5 万 9,738 円，神恵内村 5 万 2,011 円と大差はない。町村経済の水準は，原発立地町村と非原発立地町村と大きな格差はなく，原発マネーの住民所得への浮上力に，限界がみられる。

　さらにくわしい分析を，福島県相双地区町村の「福島県市町村民経済計算（2010 年）」(**表42 参照**) でみると，生産額比率は，原発立地町村といわれる楢葉・富岡・大熊・双葉町は，電気・ガス・水道といった 3 次産業比率が，きわめて高い歪な構造となっている。

　本来の 3 次産業である金融・情報産業などの比率は低い。また原発立地町村だけでなく，広野町のように隣接町村にも，原発産業の

波及効果がみられる。

表42　原発立地町村財政の状況　　　　　　　　　　　　　　　　　　　（単位；百万円）

区　分		泊村	六ヶ所村	東通村	女川町	大熊町	双葉町	楢葉町	富岡町
人口人	1995年	2,128	11,063	8,045	13,044	10,656	7,990	8,476	16,033
	2001年	2,127	11,646	8,215	11,506	10,827	7,639	8,658	16,083
	2012年	1,883	11,208	7,202	9,698	11,505	6,589	7,676	14,630
第1次%		8.7	14.0	26.6	15.2	6.9	7.9	6.8	5.3
第2次%		22.5	39.0	29.0	32.5	30.7	27.3	33.8	30.0
第3次%		68.8	46.9	44.5	52.3	62.4	64.9	59.4	64.6
町村税		2,924	6,967	3,532	3,511	2,435	1,393	1,673	1,687
1人当り円		1,530,089	621,619	490,419	362,033	211,647	211,413	217,952	114,354
類似団体1人当り円		166,009	160,297	105,186	122,560	122,381	139,159	139,159	117,121
町村民税		112	849	244	225	323	118	168	376
1人当り　円		59,738	75,768	33,879	32,201	28,075	17,909	21,886	25,701
個人町村民税		60	514	180	171	213	103	128	273
1人当り　円		31,864	45,860	24,993	17,632	18,514	15,632	16,675	18,666
法人町村民税		52	335	64	54	110	15	40	103
1人当り　円		27,616	29,889	8,864	5,568	9,561	2,277	5,211	7,040
地方交付税		26,281	81,804	486	3,839	2,422	2,034	1,914	3,559
1人当り　円		13,956	7,299	67,481	395,854	210,517	308,696	249,349	243,623
類似団体1人当り		532,616	152,656	401,519	274,213	191,790	245,578	245,578	165,448
一般財源		3,003	7,327	4,161	7,525	5,105	3,562	3,757	5,510
1人当り円		1,571,428	653,792	577,756	775,933	443,720	540,598	489,448	376,623
類似団体1人当り円		729,062	334,390	533,747	417,502	333,351	405,812	405,812	301,029
財政力指標		1.85	1.55	1.00	1.17	1.24	0.84	0.95	0.86
経常収支比率		36.7	76.5	80.7	78.8	81.3	77.1	89.8	97.0
実質収支比率		4.5	3.1	6.6	34.3	14.0	17.2	17.0	60.4
実質公債費負担比率		5.1	6.3	20.7	4.5	-0.9	20.9	9.0	13.0
地方債現在高A		736	5,874	7,788	3,444	152	3,168	2,328	2,522
A／一般財源		0.25	0.80	1.87	0.46	0.03	0.89	0.62	0.46
積立金現在高B		6,497	9,650	7,845	15,430	15,230	7,579	5,062	5,789
A／B		0.07	0.61	0.99	0.49	0.33	0.47	0.74	0.95
債務負担行為C		88	1,427	1,714	20	2	242	40	3,268
C／一般財源		0.03	0.19	0.41	0.00	0.00	0.07	0.01	0.59
将来負担率%		0.0	0.0	66.5	0.0	0.0	0.0	0.0	0.0

注　新潟県刈羽村は省略した。
資料　総務省「町村財政決算統計」

町村民所得は，原発立地町村は，大熊町の所得水準が県平均の1.76倍ときわめて高い水準であり，福島市111.2，郡山市109.7，白川市105.9と比較しても，異常な水準である。

　しかし，原発周辺町村でも，広野町は原発波及効果があったが，原発効果のいない川内・葛尾・飯館村は，きわめて低い水準であり，原発がゆわゆる浜通りという一部に集中しており，平成の合併でも，原発立地町村は合併をせず，貧困町村を抱え込むことをしなかった。

　町村民所得水準は高く，楢葉町と葛尾村とでは2.68倍の差があるが，水準を押し上げているのは企業収入であり，雇用者所得では，楢葉町と葛尾村とでは1.64倍に縮小し，みかけのほどの格差はない。葛尾村・飯館村が低水準であるのは，第1次産業所得率の比率が高いからである。

　原発誘致で所得水準は向上し，産業構造も3次産業化がすすむが，原発関連産業に限定され，本来の都市経済のよおに裾野のひろい成熟ではなく，原発というエネルギー基地がもたらす，もろい経済構造といえる。

原発財源で財政基盤を拡充できたか

　第3の課題は，原発立地町村の財政は，貧困からの離陸し，財政基盤を拡充できたかである。すなわち財政運営は，内部留保の厚い健全財政でなされているかである。

　『地方財政白書』は，町村は人口1万人以上と，1万人未満に区分して，標準財政指標を算出しているので，標準町村との比較で，原発立地町村の財政（**表43・44参照**）を見てみる。

　第1に，財政力指数など，財政状況をみると，2011年の町村財

政力0.39で，原発立地町村の水準は，半分近い町村が，1.00以上であり，町村財政は貧困というイメージとは大きく異なる。原因は固定資産税であり，小規模町村ほど影響は大きい。

表43　原発立地町村財政の状況　　　　　　　　　　　　　　　　　（単位；百万円）

区分		大洗町	東海村	志賀町	高浜町	おおい町	美浜町	伊方町	玄海町
人口 人	1995年	20,446	32,727	26,965	12,201	10,251	12,362	14,653	7,737
	2001年	19,746	34,757	26,418	12,019	9,485	11,850	13,762	7,087
	2012年	17,776	38,134	23,018	10,946	8,719	10,501	11,118	6,377
第1次%		6.4	3.2	10.6	7.6	8.2	8.5	33.3	24.4
第2次%		27.7	25.2	33.3	27.0	25.3	22.9	17.4	18.4
第3次%		65.9	71.6	56.1	65.4	66.6	68.5	49.2	57.2
町村税		3,077	12,187	6,481	3,691	4,222	3,153	2,772	3,185
1人当り円		173,099	319,348	281,562	337,201	484,230	300,257	249,325	499,451
類似団体1人当り円		117,121	123,758	123,758	122,560	139,159	122,560	160,297	139,159
町村民税		869	2,941	1,139	911	832	1,103	492	304
1人当り円		48,886	77,123	49,483	83,227	95,424	105,038	44,254	47,671
個人町村民税		676	2,139	781	466	374	464	286	174
1人当り円		38,029	56,092	33,930	42,654	42,894	44,186	25,724	27,286
法人町村民税		193	806	358	445	458	639	206	130
1人当り円		10,857	21,142	15,553	40,654	52,529	60,851	18,528	20,386
地方交付税		1,521	1,631	3,095	89	1,299	753	3,289	16
1人当り円		85,565	42,770	134,459	8,131	148,986	71,707	287,294	2,480
類似団体1人当り		165,448	82,432	82,432	191,790	245,578	191,790	152,656	245,578
一般財源		4,910	14,495	10,096	3,982	5,733	4,122	6,293	3,331
1人当り円		107,448	380,107	438,613	363,786	675,530	392,534	566,019	522,345
類似団体1人当り円		301,029	222,491	222,491	333,351	405,812	333,351	334,390	405,812
財政力指標		0.78	1.56	0.86	0.95	1.02	0.72	0.52	1.38
経常収支比率		93.3	80.2	83.8	93.1	79.7	86.5	84.7	80.3
実質収支比率		9.7	4.4	0.7	5.7	2.9	8.9	3.4	6.6
実質公債費負担比率		7.6	2.5	13.6	12.3	5.8	14.4	11.4	2.4
地方債現在高A		6,327	6,889	15,523	2,871	3,955	3,893	12,108	67
A／一般財源		1.29	0.48	1.54	0.72	0.69	0.94	1.92	0.02
積立金現在高B		1,153	14,364	10,236	5,344	14,115	3,433	9,552	13,251
A／B		5.49	0.48	1.52	0.54	0.28	1.13	1.27	0.01
債務負担行為C		165	3,293	584	232	3,784	94	1,305	236
C／一般財源		0.03	0.23	0.06	0.06	0.66	0.02	0.21	0.07
将来負担率%		53.6	0.0	43.8	0.0	0.0	79.7	0.0	0.0

石川県志賀町は0005年7月，富来町と合併，おおい町は，名田庄村と06年3月に合併，伊方町は05年4月に三崎・瀬戸町と合併。
資料総務省「町村財政決算統計」

ただ不交付町村はともかく，交付町村にとっては，固定資産税分が，交付税と相殺されるので，そのメリットはあまり大きくない。1人当り交付税額（表42・43参照）をみると，北海道泊村は，1万2,956円であるが，類似団体は53万2,616円で，交付税の財政調整機能はきわめて大きい。

　愛媛県伊方町は，類似団体と比較すると，1人当り町村税で8万9,028円，交付税でも13万4,638円おおく，原発関連財源19万3,309円とさらに追加され，伊方町は類似標準町村より41万6,975円高い水準で，原発財源の補填効果は無視できない。

　第2に，財政安定化指標として，経常収支比率をみると，市町村全体で2011年度90.3％であり，2011年度の経費充当率の内訳は，人件費25.4％，扶助費10.5％，公債費19.0％である。

　2011年度大規模町村（人口1万人以上）で，70％未満0.2％，70％以上80％未満12.2％，80％以上90％未満62.6％，90％以上100％未満23.7％，100％以上1.3％である。

　小規模町村（人口1万人以下）で，70％未満4.4％，70％以上80％未満24.0％，80％以上90％未満56.％，90％以上100％未満14.2％，100％以上0.6％である。

　原発立地町村の状況は，比較的良好な水準にあり，泊村36.7％できわめて低い水準であるが，富岡町・大洗町・高浜町が，90％をこえている。もっとも危険信号といえないが，潤沢な原発マネーがありながら，どうじて経常収支比率が90％を，こえるのかである。かつてギャンブル収入が，地方税と匹敵市町村が，財政収支悪化に苦しんでいたのと同じ，財政肥満症である。

　第3に，財政健全化指標として，実質収支指標をみると，単年度

指標であくまで，参考指標であるが，町村2011年度6.6ポイントで，2008年度4.8，2010年度6.0から改善している。

原発立地町村をみると，原発立地町村のすべてが，良好な水準にあるが，女川町など東日本大震災の被災町村が，非常な高水準となっているのは，震災復興事業への交付金・補助金の影響である。

第4に，実質公債費負担比率は，2011年度町村平均11.7で，地方債許可制基準（18%）以上の団体は，町村全体で61団体（6.5%）である。2008年度14.1，2010年度12.7から改善している。

原発立地市の状況は，東通村などが，20%と危険水域にあるが，積極的財政運営による結果ではなかろうか。積立金は比較的厚いが，それでも公債費負担比率の高い原発立地町村は，減債基金の積み立てを，今後拡充していかなければならないであろう。

なお公債費負担比率は，2011年度町村15.4%で，泊村0.9%，玄海町0.2%ときわめて低い水準であるが，志賀町19.0%は，町村平均より高く，伊方町13.8%とやや高い水準で，2010年度は25.7%であった。

ただ全般的には低い水準で，非原発立地町村は，青森県三戸町15.8%，福井県池田町15.7%と，類似町村は高水準である。

第5に，マイナスストック指標として町村債現在高をみると，一般財源比（**表42・43参照**）で，北海道東通村が，最高1.87，大洗町1.29，志賀町1.54と高水準にあるが，原発立地町村は概して低く，大熊大洗町町0.03，玄海町0.02で，積立金だけで十分に償還が可能といえる。

非原発立地町村は，青森県三戸町5.80，福島県池田町2.07となど，高い水準であり，電源立地交付金などがない，一般町村は，財源不

足を町村債で補填する，苦しい財政運営状況をしめしている。

　第6に，2011年度町村積立金の状況をみると，町村財政独自の指標はなく，市町村債現在高比率4.70倍が，一応の目安となる。原発立地市の水準は，茨城県大洗町5.49倍と極端に高く，志賀町も1.52と比較的高いが，その他原発立地町村は，1.00以下である。

　第6に，2011年度町村債務負担行為の状況をみると，町村財政独自の指標はなく，市町村全体で，一般財源比率0.24倍が，一応の目安となるが，一般的に良好である。

　将来債務負担率は，将来負担比率200％以上1300％未満では，早期健全化団体となるが，11年度町村をみると，100％未満798団体（85.1％），100％以上200％未満131団体（14.1％），200％以上300％未満7団体（0.8％），300％以上350％未満の町村は存在しない。

　原発立地町村の水準は，志賀町・美浜町などで高い水準を記録しているが，100％以下であり，地方債残高・公債費負担率・将来負担率などいずれも健全指標の枠内にあり，過剰投資・債務の危険性は薄い。

　原発立地町村の財政状況は，固定資産税・電源立地交付金で，全般的良好であるが，それでも交付金を財源として，積極的財政を展開した，志賀町などは，公債費比率・基金積立金額などで，財政水準は悪いといえる。

　交付金の使途が，サービス行政へ拡大されたので，経常収支・人件費など，フローの指標分析が重要となってくるであろう。

激変した原発立地町村の歳入構造

原発立地町村の歳入構造（**表44参照**）をみると，第1に，1人当り財政規模は，標準町村は，2011年度人口1万人以上46.3万円，人口1万人未満88.5万円と，1万人以下の町村がより大きいが，町村によって大きな差がある。1人当りでは，泊・六ヶ所・東通村，女川町は，標準町村の2倍以上の財政規模となっている。原発立地町村でも，1人当り額は，泊村と大洗町では4倍ちかい差がある。

表44　2011年度原発立地町村の歳入構成比　　　（単位：％，千円）

区分	泊	六ヶ所村	東通村	女川町	大熊町	双葉町	楢葉町	富岡町	大洗町
地方税	70.6	51.7	33.5	12.4	22.0	17.4	21.1	14.6	28.9
交付税	0.6	0.6	4.6	13.5	21.8	24.4	24.1	30.9	14.3
国庫支出金	15.4	25.0	32.6	32.3	23.1	15.4	16.3	13.1	22.1
県支出金	3.4	5.0	8.0	22.5	19.2	22.6	25.9	20.8	7.2
地方債	1.4	1.0	5.7	1.5	0.0	2.4	0.2	2.6	6.3
その他	8.6	16.7	15.6	17.8	13.9	12.4	12.4	18.0	21.2
合計	100.0	100.0	100.0	100.0	100.0	100.0	100.0	100.0	100.0
1人当り	2,167	1,203	1,445	2,928	964	1,156	992	728	587

区分	東海村	刈羽村	志賀町	高浜町	おおい町	美浜町	伊方町	玄海町	小町村
地方税	57.3	33.8	46.8	41.8	38.1	34.7	25.0	40.4	14.1
交付税	7.7	0.7	22.3	1.0	11.7	8.3	29.7	0.2	43.5
国庫支出金	13.7	10.9	9.0	27.4	21.6	20.8	14.9	20.4	9.1
県支出金	4.8	4.4	5.4	12.3	10.4	9.9	8.7	17.3	8.4
地方債	0.9	14.2	3.7	1.1	4.4	3.1	7.4	2.2	8.2
その他	15.6	36.0	12.8	16.4	13.8	23.2	14.3	19.5	16.7
合計	100.0	100	100.0	100.0	100.0	100.0	100.0	100.0	100.0
1人当り	562	1,754	594	795	1,266	852	967	1,223	885

資料　総務省「町村財政決算統計」

第2に，町村税比率も，合併町村もふくめて，構成比は高い。町村税は人口1万人以上25.8％，1万人以下14.1％で，泊村・六ヶ

所村は高い水準である。原因は固定資産税で，町村税構成比は，人口1万人以上61.5％，1万人以下73.8％であるが，泊村では町村税構成比で95.3％である。

しかし，逆に企業集積がなく，町村民税の法人分1.8％，個人分2.1％しかない。六ヶ所村85.8％，東通村91.3％である。東海村は固定資産税比率67.2％で，町村民税24.1％ある。

第3に，地方交付税比率は，町村税比率の高い町村は，財政力指標が高くなり，交付税は特別交付税のとなり，標準町村より大幅に低い率となっている。

人口1万人以上30.6％，1万人以下43.5％であるが，泊・六ヶ所村0.6％と，不交付団体であるので低い水準であるが，巨額の交付税財源の喪失となっている。

1人当り泊村1.40万円，標準町村53.26万円で，差額は50万円以上となり，固定資産税収入の財源効果は，完全に帳消しとなっている。しかし，原発立地町村でも，志賀町は，町税比率も高いが，交付税比率も高いと状況になっている。

財政運営で交付税対象の事務事業とか財源補填事業の比率が高いことが影響しているのではないか。なお東日本大震災の関係町村で，双葉町などは，復興特別交付税制度より，復興需要はすべて交付税対象となったので，交付税率は高くなっている。

第4に，国庫支出金は，人口1万人以上11.2％，1万人以下9.1％で，原発立地町村では軒並み高い補助となっている。ことに福井県の高浜・おおい・美浜町は，いずれも標準町村の2・3倍である。

もっとも高いのは東通村で，地方税・交付税・国庫支出金と，三拍子そろって高く，財源的には余裕がみられる。なお福島県東日本

大震災の町村は，全町村移転となり，復興事業ができないので．補助率はむしろ低い。

　第5に，地方債比率は，人口1万人以上8.2％，1万人以下8.2％で，刈羽村以外は，公共投資が活発に展開されたにもかかわらず，低い水準であるのは，普通建設事業の負担を自己財源でほとんど処理してきたからである。電源立地交付金の効果ではなかろうか。

落差の大きい原発立地町村の歳出構造

　第2に，歳出構造（**表45参照**）をみると，第1に，2011年度標準町村人件費の歳出構成比は，人口1万人以上16.8％，1万人以下16.3％で，原発立地町村は，女川・大熊町などが，標準町村よりかなり低いが，おおむね標準町村以下の構成比である。普通建設事業などの比率が高いので，その他費目の比率は，相体的に低くなったといえる。

　もっとも女川町の一部事務組合負担金が，5.55億円とかなり巨額であり，教育など組合方式を導入しているので，人件費が負担金に組み替えられたのであろう。

　第2に，原発立地町村の扶助費は，標準町村と比較して，構成比はまちまちであり，東通村などは2.9％と極端に低いが，普通建設事業が，44.5％と高い構成比が影響しているのではないか。

　第3に，原発立地町村の公債費も，標準町村と比較して，構成比は低い数値となっているが，普通建設事業構成比が高い，東通村，おおい町，大熊町でも低い構成比であるのは，単独事業比率が高く，自己財源で施行したからであろう。もっとも公債費は，過去の公共投資償還財源であり，単年度だけでは判断できない。

表45　2011年度原発立地町村の歳出構成比　　　　　　　　　　（単位：%）

区　分	泊村	六ヶ所村	東通村	女川町	大熊町	双葉町	楢葉町	富岡町	大洗町
人件費	14.0	13.3	10.8	4.3	9.4	10.4	14.4	13.1	16.6
扶助費	4.9	4.3	2.9	11.0	17.4	7.0	10.6	13.9	10.6
公債費	2.1	3.7	10.1	1.6	0.9	4.6	4.6	6.1	6.5
物件費	22.8	17.2	9.9	28.1	5.8	6.2	10.6	12.8	15.5
繰出金	15.0	4.2	4.4	8.7	3.1	8.5	12.9	12.2	10.7
積立金	15.0	11.3	1.9	16.1	52.1	55.1	36.3	29.5	3.9
普通建設事業	12.7	21.1	44.5	19.9	0.1	2.3	3.0	3.8	22.8
補助事業	0.8	5.8	1.7	8.9	0.0	0.1	1.2	0.4	6.3
単独事業	11.9	15.3	41.7	1.2	0.1	2.1	1.8	3.4	16.2
その他	13.5	24.9	15.5	10.3	11.2	5.9	7.6	8.6	13.4
合　計	100.0	100.0	100.0	100.0	100.0	100.0	100.0	100.0	100.0

区　分	東海村	刈羽村	志賀町	高浜町	おおい町	美浜町	伊方町	玄海町	小町村
人件費	18.5	7.4	15.1	15.1	12.7	16.2	16.3	18.7	16.3
扶助費	11.8	2.4	8.1	6.1	6.4	6.5	5.6	8.2	6.3
公債費	3.8	0.7	16.0	9.3	3.8	5.5	13.2	14.8	13.2
物件費	15.3	14.6	14.7	16.2	18.7	11.6	11.0	9.5	13.9
繰出金	16.7	12.4	10.7	16.3	12.7	9.5	8.9	10.9	※0.1
積立金	8.0	15.5	9.0	4.2	4.9	6.7	15.4	4.1	※17.0
普通建設事業	11.1	26.6	8.0	20.9	26.4	29.6	15.8	18.0	17.0
補助事業	0.5	2.5	0.1	1.7	3.6	7.0	2.8	10.1	7.3
単独事業	10.6	24.1	8.0	18.9	22.7	22.2	11.3	7.4	9.2
その他	14.8	20.4	18.4	11.9	14.4	14.4	13.8	15.8	12.4
合　計	100.0	100.0	100.0	100.0	100.0	100.0	100.0	100.0	100.0

注　※は市町村構成比
資料　総務省「町村財政決算統計」

　第4に，原発立地町村の積立金は，町村で大きな格差があるが，東日本大震災の被災自治体は，建設事業補助の前倒し補助金を，基金化したので，本来の積立金ではない。東通村のように建設事業比率が高いのに，積立金が1.9%と，すくないのは問題である。

　第5に，標準町村の普通建設事業比率は，2011年度人口1万人以上13.3%，1万人以下17.0%で，原発立地町村は，六ヶ所村・

刈羽村などの普通建設事業構成比は高く，全体としても高い構成比で，電源立地交付金を，財源に積極的事業化が行われたからであろう。

しかも補助事業に比較して，単独事業の構成比が高いのが特色で，標準町村では人口1万人以上7.0％，1万人以下9.2％である。なお福島県の原発立地町村が低いのは，福島第一原発事故のため，集団移転しているため，復興事業ができないからである。

原発立地町村の財政状況をみると，電源立地交付金で貧困団体から脱皮している。財政力指数で1.00をこえる富裕団体は，16町村の7団体であり，原発立地町村は富裕団体といえる。

最低が伊方町の0.52であり，ほとんどが0.8前後であり，町村財政では富裕団体の分類にはいる。また伊方町も電源立地交付金を算入すると，余裕財源ベースでは，一般の町村富裕団体を上回っている。

問題は原発財源で，財政を膨らませているかどうかであるが，地方債現在高と一般財源の比較は，1.00をこえる団体が，伊方町など3町村が1.00をこえているが，危険水域といえる状況ではない。しかし，潤沢な原発マネーを考慮すると，地方債・積立金比率でも，もっと，低い水準でなければならない。

ただ普通建設事業の比率は，標準町村より高く，しかも単独事業の比率が高い。東通村・大洗町・美浜町などは高水準で，原発財源を裏財源として，積極的財政運営の色彩が濃い財政である。

各原発立地町村で，財政運営にはばらつきがみられる。普通建設事業比率をみても，被災町村は除外して，志賀町8.0％から東通村44.5％と大きな格差がある。また地方債現在高・一般財源比率も，

東通村 1.87 から玄海町 0.02 と極端な落差がみられる。

　原発マネーをどう使うであり，公共投資・行政サービスで散財してしまうか，基金を蓄積し，基金方式をベースに活用するかの選択であるが，原発財源が不安定財源であることを考えると，基金方式がベターな方式である。

8　原発立地自治体の財政硬直化

　原発財源は，立地自治体に巨額の財源をもたらしたが，立地自治体の財政は，富裕団体として財政基盤が，強化されることも，安定することもなかった。本来ならば立地自治体は，貧困から脱却して，余裕の財政運営を享受できるはずであったが，現実は処方箋どおりには展開しなかった。それは財政運営における経営戦略の選択・方針の問題があった。

　周知の事実であるが，交付金で温泉プールを建設すれば，地域生活は，たしかに快適になる。しかし，地域経済の振興には，寄与しないだけでなく，温泉プールの維持運営費がかさみ，箱物行政で財政運営は，火の車となる。

　福島第一原発事故で，原発が停止し，交付金・核燃料税が減収となると，たちまち財政が逼迫した。要するに「いったん肥大化した財政を縮小するのが困難なことは，家計と同様である。原発立地市町村の原発依存の構造は，強固で揺るがしがたいもの」[14]になってしまったといわれている。

　結局，財政運営の困窮をしのぐため，手っ取りばやい方法として，さらなる原発財源を求め，次第に原発依存症が，重態化していった。一方，原発で地元に金はおちるが，第1次産業の高付加価値化とか，地場産業の活性化には連動しなく，いわば原発基地経済として，下請企業が潤うだけである。

これら原発立地財源と，地方財政の運営については，つぎのような点が，注意すべき点として指摘できる。第1に，原発立地自治体への電源交付金は，着工以前の環境アセスメントとの時点から交付され，建設後の原発が，稼動している限り交付される。

　モデルケースでは，着工翌年 77.5 億円あった交付金は，11 年目には 16.7 億円に激減する。固定資産税も同様に，建設後逓減していく，不安定財源には変りなく，原発財源を維持していくには，原発を増設する自転車操業となる。

　第2に，電源立地関係財源のうち，固定資産税は，もちろん一般財源であるが，交付金は，国庫支出金に分類され，当初は財源の充当は，公共施設に限定されていたが，次第に拡充され，一般財源化していった。

　しかし，財政運営からみると，公共投資による箱物では，維持運営費の負担が問題であったが，福祉・消防・教育サービスに拡大され，実質的に人件費補助となったため，経費縮小はきわめて困難で，公共投資より財政硬直化の性格はよりつよまった。

　しかも原発財源は，麻薬のような魅惑的財源であり，一度，禁断の実を味わうと，容易にやめられない財源である。そのため豊富な原発財源のため，かえって財政悪化に陥る悲劇となる。

　要するに原発財源は，財政運営からみれば，肥満体質の財政となりやすが，しかも不安定財源であるため，減量化に追い詰められる事態は避けられない。

　第3に，原発立地財源は，基本的には原子力発電所の稼動によって，発電していることが前提条件であり，原子力発電所が停止中は，交付金・核燃料税は交付・賦課できないのが原則である。

しかし，立地自治体は，交付金が停止中の発電能力に準じて配分され，核燃料税も発電能力で賦課されるよう変更し，さまざまの手段で，原発財源の温存を図っていきつつある。このような強引な論理は，無理があり，電源立地交付金への批判が高まってくるであろう。
　第4に，原発マネーを，活かすも殺すも，立地自治体の地域振興策の問題に収斂される。道県レベルで大学を建設して，地域活性化の核とするとしても，原発廃止となれば，大学を廃校しなければならない。また市町村レベルで，観光コンベンションセンターを設置して，地域経済の浮上を狙うとしても，原発マネーが途切れると，振興施策の中絶となる。
　もっとも大学・観光などは，経済波及効果は大きいが，それでも財政的安定のためには，地域振興だけでなく，財政運営との調整が必要となる。この不安定財源で，地域振興を図っていくには，基金方式で，産業育成を図っていき，地域経済力を培養していくしかない。
　50億円で道路整備をするより，太陽光発電を設置すれば，原価は交付金であれば，ゼロであり，長期に安定的財源が見込め，この収益金で地域振興施策を展開する手堅さが求められる。
　要するに原発下請産業の賑わいを，地域経済の繁栄と錯覚することなく，第1次産業の付加価値化を高めるとか，第3次産業の競争力向上を図っていくとか，地道な地域振興に努力しなければならい。
　しかし，現実は原発立地自治体で，産業構造高度化・地場産業高付加価値化がすすまず，原発財源減少で，原発立地自治体の財政は，窮地にたたされている。
　第1の事例として，島根県松江市では，2006年56.85億円あっ

た交付金が，2010年49.64億円と減少し，2011年度28.16億円と激減している。

　また静岡県御前崎市では，1975～2010年度までの御前崎市の原発立地交付金は，総額456億円で，原発固定資産税をふくめると，市収入の4割を占める。この潤沢な原発マネーで，図書館・病院・市民プールなどを建設してきた。

　しかし，2010年度には浜岡原発の全炉停止で，原発立地交付金は，2008年度20.12億円から，2010年度11.94億円と激減したが，建設した箱物の維持費は，経常費として支出していかなければならない。原発マネーに依存しない財政運営をどうするか，厳しい選択が迫られている。

　しかも原発の存在が，地域運営にとって，マイナス要素となりつつある。1986年の市立御前崎市総合病院（事業費47億円，原発交付金29億円）の，医師不足の兆しがみられる。原発の影響だけでなく，地方病院の一般的現象でもあるが，まった無関係とはいえない。

　さらに原発リスクが，企業誘致などにマイナスの要素となりつつある。敦賀市は，産業団地（面積14ha，事業費80.7億円，電源立地交付金負担50億円）の誘致戦略を展開しているが，原発リスクは，マイナス要素となりつつある。

　既存企業も，工場増設には否定的であり，原発事故の場合の工場閉鎖・代替生産体制など，企業活動への課題が多い。従来，企業誘致には，労働力・交通利便・単価・減免措置などのプラス要素で競争してきたが，地震・水害・台風など災害リスクなどが，マイナス予想として，考慮されるようになった。

新潟県柏崎市（1978～2009年）の実績

 第2に，原発立地交付金などの内訳はすでにみたが，新潟県柏崎市（1978～2009年）の実績（**表47参照**）は，国県交付金530.4億円（構成比22.43％），法人市民税68.9億円（2.91％），固定資産税1,718.9億円（72.70％），使用済核燃料税33.7億円（1.43％），原発立地給付金12.6億円（0.53％）の合計2,364.4億円となっている。ただ核燃料税は，創設が2003年で，7年間の収入額であり，固定資産税は交付税の関係で4分の1に，減額補正しなければならい。

 これら原発財源のうち，交付金充当事業（**表46参照**）として，実施された事業費265.96億円のうち，交付金が234.95億円（88.34％）で，9割ちかくが原発マネーで裏負担している。

表46　柏崎市施工交付金事業費の交付金充当額（1978～2002年）　　（単位：千円）

事業区分	事業費	交付金	事業区分	事業費	交付金
道路	6,419,123	5,713,414	教育文化施設	5,233,278	4,814,059
水道	1,339,140	1,264,925	医療施設	535,694	465,800
防災無線	591,178	457,654	社会福祉施設	855,601	801,023
スポーツ・レクリエーション施設	6,598,604	5,994,228	産業振興に関する施設	4,631,513	3,656,327
排水水路など環境施設	391,740	328,523	合　　計	26,595,871	23,495,953

資料　柏崎市『原子力発電・その経過と概要』（2009年）

 事業の内容は，道路・施設整備が中心で，産業振興策も支出されているが，都市産業の成熟はみられない。基金造成などの項目がなく，財政規模だけが膨張し，財政硬直化が深まっていった。

 2011年度，基金は財政調整基金38.9億円，減債基金5.47億円，特定目的基金74.98億円とすくないないが，地方債残高562.83億

円と巨額であり，公債費70.04億円，公債費負担比率20.0％と，財政は公債依存症が深まっていった。

柏崎市の財政指標（**表47参照**）を，債務関係指標中心でにみると，次第に悪化していった。まず基本的である財政力指標が，2007年度0.81から2011年度0.74に低下している。

地方債発行額は，2008年度89.52億円（収入構成比11.0％）のピークをむかえ，その後，抑制に転じているが，2011年度収入構成比9.1％と高どまりである。

公債費負担率は，2007年度に低下しているが，その後は上昇しており，実質公債費負担比率は低下しているが，20％台は危険水域である。

表47　新潟県柏崎市財政指標の推移 （単位；百万円）

区　　分	2006年	2007年	2008年	2009年	2010年	2011年
財政力指数	0.79	0.81	0.82	0.79	0.74	0.74
交付金	2,469	4,852	2,512	4,214	4,214	2,725
核燃料税	530	547	558	557	573	585
地方債	4,590	6,819	8,952	4,724	6,766	5,046
公債費	5,532	5,439	5,702	5,941	6,116	7,004
市債残高	47,754	50,063	54,310	55,847	57,378	56,284
公債費負担率％	18.1	13.4	16.8	17.1	17.0	20.8
実質公債費負担率％	22.2	22.0	21.9	21.9	22.0	20.0
将来負担比率％	－	227.9	211.4	183.0	152.9	129.7
債務負担行為額	7,442	6,595	5,773	1,640	2,763	8,744
積立金残高	6,346	8,307	11,302	12,608	14,002	11,936

注　柏崎市は2005年5月，高柳・西山町を編入。
資料　総務省「都市財政決算統計」

市債残高は増加の一途であり，2011年度一般財源対比2.16で，小都市としては高水準である。もっとも積立金額は増額されているが，市債残高は，積立金の4.72倍もあり，減債基金は2011年度5.47億円しかない。

このような悪化する財政状況をふまえて，2006年度核燃料税が，創設されたが，わずか5～6億円では，焼け石に水の感である。しかも頼りとする電源立地交付金が，2011年度は急落し，大きな打撃をうけている。

一方，減量経営をすすめて，義務的経費比率は，2008年度38.1％が，2011年度36.1％に低下しているが，普通建設事業比率は，2008年度14.6％から，2011年度16.3％へと上昇しており，構造的な公共投資優先の体質からの脱皮は容易でなく，財政再建の前途は多難である。[15]

福井県高浜町の財政運営

第3に，福井県高浜町の財政運営（**表48参照**）をみてみると，巨額の電源立地交付金を財源として，公共投資優先の財政運営を展開していった。

第1に，財政力指数は，次第に低下して，1.00の不交付団体から，1.00以下の交付団体へ転落していったが，財政指標が0.95では，交付税は0.88億円しかなく，財政力指数がよいということは，それだけ交付税収入がすくないということで，財政運営上は，貧困団体より厳しい運営姿勢でなければならない。

2011年度で福井県池田町（人口3,222人，財政力指数0.14）は，地方税2.43億円で，交付税18.23億円で，高浜町の人口（人口1万1,105人）におきなおすと，交付税は約3倍の54.75億円となり，高浜町の原発関連財源（**表37参照**）31.18億円よりはるかに大きい。

要するに交付税の財源調整機能は，全国自治体が，同水準の財政力をもつように調整されているので，電源立地交付金があるからと

Ⅱ　原発財源と立地自治体財政の変貌

安心して，財政をふくらますと，その結果としての財源不足は，交付税対象外であると，たちまち財政が逼迫するという，地方財政のメカニズムを警戒しなければならい。

第2に，町村税の伸び悩みである。1996年42.2億円であったが，2011年度35.67億円と減少している。この減収分を交付税で補填できていない。2006年度16.11億円の補填をうけているが，例外的措置で実質的に交付税の補填はなく，特別交付税のみである。

すなわち財政力指数1.0前後の自治体は，交付税ではきわめて不利な水準で，1.50以上か0.50以下でなければ，交付税補填の実感はないであろう。これらの財源をベースに積極的に公共投資をすすめてきたが，結局として財務状況は悪化していった。

第3に，国庫支出金は，2011年度構成比27.4％と高い比率で，

表48　福井県高浜町の財政推移　　　　　　　　　　　　　　　　（単位；百万円）

区　分	2001年	2006年	2007年	2008年	2009年	2010年	2011年
財政力指数	1.10	1.04	1.05	1.01	0.97	0.94	0.95
町村税	3,794	3,244	3,273	3,173	3,118	3,567	3,691
固定資産税	3,058	2,390	2,388	2,380	2,366	2,573	2,666
交付税	86	1,611	48	180	288	260	89
国庫支出金	1,274	1,827	1,846	2,029	2,195	1,880	2,422
県支出金	1,349	805	491	618	659	1,051	1,086
地方債	2,050	1,008	163	150	432	0.0	100
公債費	223	1,336	889	631	517	520	798
普通建設事業	5,904	2,650	886	725	1,259	898	1,789
補助事業	1,202	557	23	38	397	159	146
単独事業	4,392	2,093	851	676	837	699	1,620
公債負担比率	2.8	19.1	15.0	10.4	13.0	7.4	10.5
積立金現在高	8,698	3,995	3,997	4,200	2,503	5,370	5,344
地方債現在高	4,812	5,103	4,446	4,025	3,996	3,526	2,871
電源立地交付金	1,424	1,746	1,735	1,746	1,710	1,863	2,542

注　1996年電源立地交付金は，1997年
資料　総務省「町村財政決算統計」，交付金は福井県「電源三法交付金等調べ」

県支出金構成比 12.3％も高い比率であるが，それぞれ電源立地交付金がふくまれているからである。これらの財源をベースに積極的に公共投資をすすめてきたが，結局として財務状況は悪化していった。

　第4に，地方債収入は，抑制がきいて 2011 年度構成比 1.1％と低下しているが，過年度の国債発行がひびいて，地方債残高・公債費負担率は高い水準である。

　第5に，地方債現在に対して，積立金現在高が上回っている。1996 年度は，積立金は地方債残高の 12.88 倍もあった。本来，原発立地交付金は，余分の収入であり，積立金で蓄積し，基金を充実させ，その資産運用益で，地場産業・生活福祉の振興を図っていくべきであった。

　しかし，電源立地交付金も当初は，公共投資に限定していたので，公共投資優先の財政運営が，体質化していったといえる。

　第6に，問題は普通建設事業の高い比率である。歳出構成比で 2001 年度 52.4％，2011 年度でも 20.9％と高い比率である。なぜそのような無茶苦茶な厖大な公共投資が必要なのか。

　しかも 2001 年度の建設事業歳出構成比は，補助事業 10.7％，単独事業 39.0％である。地域振興政策からみても説明がつかないのではないか。原発で過疎からの脱皮は，公共投資を拡充しても，地域経済の活性化には連動しないので，政策選択が必要であった。

注

(1) 核燃料税の設置動機としては，「第1に，電源三法による交付金について，交付期間や交付対象事業に種々の制約があり，地元の地方自治体に必ずしも満足できる制度になっていない………第2に，発電施設が運転段階に入ってからの地方財政への寄与についても，………償期間が早く毎年の固定資産税収の落ち込みが大きいこと，第3に，発電所誘致による地元雇傭や関連産業立地でのメリットが………少ないということ，第4に，原子力発電所の安全性に対する住民の不安を解消させるため，地方公共団体としても，環境影響調査や環境監視をある程度行わねばならず，そのための財源を確保したい」（藤原淳一郎「電源三法と核燃料税（下）」『自治研究』第54巻第7号39頁，以下，藤原・前掲論文「電源三法」）などがあげられている。しかし，核燃料税創設時，福島県で数億円の電源立地交付金があり，それを上回る，原発対策費が必要であったかは疑問であり，まして近年のように200億円前後となると，原発対策費でなく地域振興費の性格が濃厚であり，支出状況では一般事業費の財源補填費ともいえる。

(2) 平成23年度で，道府県税の法定外目的税をみると，産業廃棄物税（11団体，税収額45.09億円），産業廃棄物処理税（1団体，税収額4.80億円），産業廃棄物処理税（1団体，税収額4.80億円），産業廃棄物埋立税（1団体，税収額5.45億円），産業廃棄物処分場（1団体，税収額0.05億円），産業廃棄物減量税（1団体，税収額4.52億円），循環資源利用促進税（1団体，税収額8.67億円），循環資源促進税（1団体，税収額2.91億円），宿泊税（1団体，税収額8.20億円），乗鞍環境保全税（1団体，税収額0.20億円）の合計79.89億円である。

(3) 旧法では許可が必要であるが，「当該市町村にその税収入を確保できる税源があること及びその税収入を必要とする当該市町村の財政需要があることの2点があきらかであるときは，これを許可しなければならない」（前川尚美・杉原正純『地方税各論Ⅱ』473頁）と説明されている。ただ不許可条件としては，地方税法第671条の1は，「ア 国税又は他の地方税と課税標準を同じくし，かつ，住民の負担が著しく過重となること。イ 地方団体間における物の流通に重大な障害を与えること。ア及び

イに掲げるものを除くほか，国の政策施策に照らして適当でないこと」である。また市町村の法定外普通税について，一般的に法定外普通税の設置は，政策的にみて，依命通達で「市町村法定外普通税制度の運用にあたっては，いたずらに僅少な税源を物色するに急にして，法定税目の確保に欠けるようなことは，厳にこれを慎むべきであるが，法定税目に標準課税率以上の課税による税収を求めてもなお必要な財政需要を賄う財源に不足を生ずる場合又は租税負担の均衡を保つ上からみて課税を適当とし，かつ，これによる財源を必要とする場合に市町村法定外普通税を起こすことが考慮される」（同前 472 頁）とされている。

(4) 藤原・前掲「電源三法」49 頁。

(5)・(6) 朝日新聞 2012.6.16。

(7) 2010 年度までの税収は，北海道 139.9 億円，青森県 1,362.0 億円，宮城県 158.5 億円，福島県 1,238.4 億円，新潟県 522.8 億円，茨城県 258.7 億円，静岡県 370.3 億円，石川県 93.3 億円，福井県 1,568.0 億円，島根県 166.3 億円，愛媛県 264.9 億円，佐賀県 350.6 億円，鹿児島県 256.8 億円の合計 6,749.7 億円である。毎日新聞 2011.8.19。

(8) 原発立地県の人口増減をみると，2000・2012 年で青森県は 148.2 万人から 138.3 万人と，9.30 万人減少，6.30％減であるが，岩手県は，141.6 万人から 131.8 万人と，9.80 万人減少，6.92％減であり，青森県より減少は大きい。秋田県は，118.9 万人から 108.6 万人と，10.30 万人減少，8.66％減であり，青森県の減少度合いは低い。福井県をみると，2000 年から 2012 年をみると，82.9 万人から 80.3 万人と，2.6 万人減少，3.14％減である。福井県と同類の県として，富山県をみると，112.1 万人から 108.8 万人と，3.3 万人減少，2.94％減であり，福井県との比較では，富山県の減少度合いは小さい。

(9) 全国原子力発電所所在市町村協議会『使用済核燃料税に係る法定外税』2003.2.19，1 頁。

(10) 同前 7 頁。

(11)・(12) 電気事業連合会「『使用済核燃料税への新税構想』に関する意見」2002.10.30。

(13) 格差の原因は，特定できないが，交付税基準財政需要額の対象とな

る，支出が多いか少ないかである。たとえば普通建設事業の内訳をみると，つくば市 49.91 億円（11.2％），補助事業 28.34 億円（4.4％），単独事業 43.14 億円（6.6％）であるが，敦賀市 61.17 億円（20.3％），補助事業 13.02 億円（4.3％），単独事業 46.91 億円（15.6％）である。交付税は，つくば市普通交付税 19.09 億円（2.7％），特別交付税 6.28 億円（0.9％）の合計 25.37 億円であるが，敦賀市普通交付税 1.64 億円（0.5％），特別交付税 4.17 億円（1.3％）の合計 5.18 億円で，つくば市との差 20.19 億円とかなり差額になっている。要するに行財政効果がおなじであれば，補助事業を優先させるのが，財政運営のセオリーである。

(14) 石橋克彦編『原発を終わらせる』161 頁，以下，石橋・前掲「原発」
(15) 崎市が財政硬直化をまねいた，具体的要因について，「1 つは，電源三法交付金の対象が当初は建設事業に限定的だったこと………，もう 1 つは最も大きな財源である固定資産税が，減価償却によって大きく減少することが当初から予測できたにもかかわらず，それに見合う財政運営をしてこなかったことに尽きると考えている」（池田千賀子『原子力発電所が柏崎市財政に与えた影響』2013 年 12 月 27 日，第 33 回愛知自治研集会報告書，77 頁）と分析されている。

Ⅲ　脱原発と自治体の選択

1　原発コストと原発損害賠償の検証

　原発事故をふまえて自治体は，原発にどう対応するか，ポイントは安全神話と原発コストをどうみるかである。原発の安全性は，福島第一原発事故後は，検査も厳しくなり，安全性は高まったといわれている。

　しかし，再稼動を急ぐ，電力会社などの動きをみると，安全性をにわかに信じるわけにはいかない。さらに政府の安全基準審査も，原発複合体の圧力で，歪められる恐れがある。頼りとする原発立地自治体も，再稼動容認と再稼動抑制にわかれ，微妙に揺れ動き流動的である。

　原発神話は難解であるが，原発コストの問題は，素人でも判断できる。原発神話が，崩壊した今日では，安価な原発が，残された推進理由となる。原子力発電は，果たして割安のエネルギーなのか，原子力6円，太陽光49円という料金格差は，虚構の計算ではないのか。

　地方自治体は，エネルギー政策として，しっかりしたコスト分析を独自でおこない，原発への対応を決断すべきである。

原発・自然エネルギーのコストの比較分析

　第1の課題は，原発・自然エネルギーのコストの比較分析である。第1に，従来の原発コストには，原発開発・推進のコストが不算入

で，原発の発電コストのみの算定で，間接的なコストは，ネグレクトされてきた。

　原発は国策的事業であり，国費で研究費が，投入されており，電源立地促進税，さらに原発事故損害賠償など，巨額の政府支援の支出を算入すると，原子力発電のコストは跳ね上がる。

　企業原価計算で，直接的経費だけで，自治体への交付金・損害賠償・廃炉・除染・研究費などの，間接的経費はふくまれておらず，ふくめると1kw時最低8.9円と推計され，石炭・液化ガスの10円前後と，大差がないことになる。

　2013年のエネルギー対策特別会計をみても，「エネルギー需給勘定」2兆3,160億円で，石油・天然ガス・石炭の安定供給対策費3,890億円は，火力発電などのための経費であり，石油貯蔵設置立地対策交付金56億円が含まれている。自然エネルギーは，このようなコストは，少なくてすむ。

　電源開発促進勘定3,221億円は，主として原発関連費で，電源立地交付金や原子力発電のための技術開発コストである。毎年0.3兆円として，10年3兆円となる。

　これ以外に，核燃料税・電力会社寄付金なども，原発に派生したコストである。ともあれ原子力は，これら社会コストをくわえた，包括コストでは，安いとはいえない。

　第2に，発電コストだけでなく，設置コスト・送電コストを考えると，自然エネルギーのコストは有利である。たとえば家庭の太陽光発電は，用地ゼロ・送電コストゼロ・送電ロスゼロである。したがって原発の送電コスト・送電ロスを算入すると，すくなくとの自然エネルギー対比では，原子力6円は9円に跳ね上がる。

さらに電力10社の原発新基準への対応工事費は，13年1月の1兆円から1.6兆円にふくらんでいる。さらに避難計画の実施となると，0.5兆円はいる。原発1基再稼動で，年間火力発電燃料費1,000億円が節約できるといわれているが，原発関連費を抑制し，再生エネルギー費への転用が，根本的解決策ではないか。

　自治体が，本気で自然エネルギーを推進しようとすれば，公共施設・遊休用地の活用だけでも，かなりの発電量が確保できる。買取制度で2013年10月までの，建設認定済みの太陽光発電能力は，原発約24基分（2,453.2万キロワット）もあるが，事業化がなされていない。(1)

　太陽光は，冬はともかく，夏のピーク時の発電量は大きく，貴重なエネルギー源であり，小さな努力の積み重ねが，大きなエネルギーをうみだす。自然エネルギーの有利性は，コスト計算では，十分に反映されていない。

　第3に，膨大なバックエンドコストである。要するに核燃料を使用した後に残る使用済燃料の処理・処分コストで，処理方式はさまざまあるが，政府（総合エネルギー調査会電気事業分科会コスト等検討小委員会，20041年1月）のバックエンドコストは，18兆8,000億円と試算されている。この試算は，非現実的な仮定を前提条件にしており，不確実なコスト計算であり，その数値の信憑性は，疑わしいと批判されている。(2)

　放射能漏れ・除染・被爆対策などで，発電以外のコストが膨張しつつある。除染についても，汚染地域全体となると，無限大となる。さらに．汚染水対策が難航しているが，同時にコスト上昇につながっており，しかも完全処理にいったていない。また中間貯蔵用地だ

けでも，巨額のコストが見込まれ，最終処理となると，さらにコストはふくらむ。

使用済核燃料税処理問題では，「政策の本丸である高速増殖炉『もんじゅ』は技術開発のめどが立たないまま，巨額の推進費の垂れ流し」[3]と，政策ミスが指摘されている。

一方，使用済核燃料処理を加工し，通常の原発で燃やすプルサーマル計画も，順調にすすんでいない。「青森県六ヶ所村の再処理工場を動かせば，さらに使うあてのないプルトニウムが増える」[4]と，酷評されている。

財政的みれば使用済核燃料処理は，無駄の増殖炉といえるが，使用済核燃料の再処理は，技術的には確立されている。地層処分は安全であり，「トイレ無きマンション」は誤解であり，原発はエネルギー文明の持続ため，推進するのが正当であるとの反論もある。[5]しかし，原発本体の安全性は，依然として不安は，払拭されていない。

第4に，特別会計には，原子力損害賠償支援勘定4.9兆円が，計上されているが，単年度で約5兆円であり，福島第一原発事故への東京電力の賠償への政府負担であり，今後，帰宅困難区域などの，政府買上が決定されると，賠償費は激増する。こらから本格化する補償を考えると，10～20兆円になるのではないか。

いわゆる損害賠償だけですまない。原子力発電所では，新規の安全基準をクリアーするための追加コストが発生しており，原子炉本体だけでなく，通常の発電所より，堤防の高さをかさ上げするとか，計算外の予防コストが発生している。さらに東日本大震災復興費でも，原発事故による対応費が，福島県のみ計上されている。[6]

第5に，電気事業への租税負担増加であり，原子力発電を強引に

推進しようとすると，電力会社の足元をみて，政治献金とかの工作費，また原発立地自治体の核燃料税・寄付金などの増額が，要求される。

電気事業連合会『電気事業と税金2012』（**表49参照**）によると，2011年度租税負担は9,345億円で，電気料金約6,700円のうち租税公課約500円と推計されているが，租税公課のうち，2011年度電源開発促進税・核燃料税が，36.09％もしめている。

電力会社が，原発再稼動を焦れば焦るだけ，原発交付金などの公租・公課は，無限に膨張していく経過をたどっている。

都道府県税である事業税比率が高く，2004年度より外形標準課税方式になったが，電気事業は，従来どおり収入金課税方式となったからである。電気事業10社は，収入金課税方式では約1,679億円の負担が，外形標準課税方式約130億円となっている。このような公租・公課は個人の太陽光発電では，ほとんど発生しない。

表49　電気事業租税公課の負担推移　　　　　　　　　　（単位；億円）

区分	法人税	その他諸税	核燃料税	電源開発促進税	固定資産税	事業税	公課（水利使用料・道路占用料）	合計
1974年	632	0	30	116	449	495	93	1,815
2009年	1,852	174	244	3,292	3,415	1,628	641	11,246
2010年	2,097	167	242	3,492	3,369	1,706	660	11,760
2011年	123	176	59	3,314	3,338	1,679	656	9,345

出典　電気事業連合会『電気事業と税金2012』

『電気事業と税金2012』は，このような租税・公課負担の結果，電気事業は，その他産業と比較して，きわめて高負担産業と化している。2012年度では全産業1.7％，製造業1.7％，鉄鋼業1.4％，ガス・

水道・熱供給業 1.4％，電力 10 社 7.6％ とと計算されている。

　電力会社の高負担を回避するには，低負担のエネルギー供給源への転嫁が，経営的には奨励されるべきで，卑近な事例では，都市自治体のごみ施設の発電では，租税負担はゼロ・燃料代もゼロである。民間企業の営業廃棄物の自家発電も，コスト・租税面で有利である。

原発事故の損害賠償コスト

　第 2 の課題は，原発事故の損害賠償コストである。東日本大震災の原発事故救済費をみてみると，原子力損害賠償法で，政府が支援しているが，完全賠償には 100 兆円をこえるとの試算もある。この損害賠償コストの正確な算出とともに，正当の補償による被災者の救済がなされなければならない。

　原子力発電の損害賠償は，複雑なシステムになっている。営利企業が起こした損害について，「原子力損害賠償法」の第 3 条は，「その損害が異常に巨大な天災地変又は社会的動乱によって生じたものであるときは，この限りでない」としている。

　民間営利活動による損害を，事前に国家が，その一部を補填すること事態，異例であるが，原発事故の損害責任を，曖昧にし複雑化している。

　東京電力による福島第一原発事故損害賠償は，当初の 5 兆円から 9 兆円にふくらんいる。これら原発損害賠償などで，財務省は，「国費の安易な投入は，納税者の理解がえられない」[7]と，懸念を示している。

　財務省の考えは，賠償や除染は「原子力損害賠償法などに基づき，電力会社が負担する」のが原則で，汚染水対策と廃炉といった「技

術的難易度が極めて高く,個社任せでは克服困難な課題については国費投入も許容される」[8]との考である。しかし,具体的な事業となると,国・電力会社の線引きは難しい。

　正規の損害賠償としては,原発事故による避難者への生活支援・賠償で,通常の大災害では,生活支援ですんだが,帰還者困難者,さらには帰還不可能者への損害賠償という追加措置が発生している。

　まず帰宅困難者への損害賠償である。第1に,文部科学省の原子力損害賠償紛争審査会は,2013年10月1日,帰宅困難者・長期避難者の住宅購入価格を支援するため,家屋賠償を従来の3倍に引上げた。その結果,原発避難者が,受け取る家屋賠償は,ダム・空港などの建設にともなう,「土地収用法」の住宅補償額を,大きく上回ることになった。[9]

　第2に,文部科学省の原子力損害賠償紛争審査会は,被災者の全員帰還を諦め,帰還しない被災者への損害賠償費の引き上げを,追加方針できめた。帰還困難区域のモデルケース(家族4人世帯)では,従来の4,372万円引き上げ,1億675万円とした。[10]

　このように本格的な原発事故処理が,実施となると,天文学的数値の賠償費・処理費に跳ねあが恐れがあり,さらに正規の損害賠償以外に,個人・自治体の東京電力への,損害賠償請求が続発している。

　第1に,福島県伊達市の避難勧告奨励外住民300世帯1,008人が,「指定外の住民も被爆の恐怖や不安,生活する上での制限があった」として,政府の原子力損害賠償紛争解決センター(原発ＡＤＲ)に損害仲介を申し立て,同センターは,1人当り月7万円(対象期間2011年6月〜2013年3月)の和解案を示し,東京電力が,応じ

れば総額約 15 億円が支払われる。[11]

　第 2 に，被災自治体以外の自治体からの風評被害・間接経費の費用弁償請求である。たとえば常総広域圏の取手・守屋・常総・つくばみらいの 4 市は，2013 年 10 月 21 日，2 億 6,558 万円の賠償請求をしている。学校給食での放射能検査費などである。[12] これらの請求は，福島市・北茨城市などとつづいている。[13]

　第 3 に，避難住民による賠償請求で，原発事故で避難を余儀なくされた，福島県南相馬市・浪江町・大熊町など 6 市 3 町に住んでいた 17 世帯の 44 人の住民で，11 億円を国と東京電力に損害賠償の請求を起こした。

　請求の背景には，「国に捨てられるのではないかという危機意識がある。実情を司法の場で訴えたい」[14] と話している。福島県から兵庫県に避難した 18 世帯 54 人が，平穏な生活を奪われたとして，4 億 4,500 万円を請求している。[15]

　このような動きをみると，賠償額は，さらにふくらむとは確実である。これまでみた電源立地交付金など，膨大な間接的コストを算入すると，原発コストの安価性も，原発安全神話と同様に，その基盤は揺るぎだしたといえる。

　素人計算であるが，原子力発電コスト 6 円は，直接発電コストで，現在 54 基があるが，1 基 3,000 億円として合計 16.2 兆円となる。まず送電ロスで半分うしなわれるとすると，送電コストもふくめて，6 円という単価は 9 円となる。電源立地促進税年 3,500 億円で，原発耐用年数 50 年とすると，17.5 兆円で発電コストに換算すると，約 6 円となる。原発事故 50 年に 1 回とすると，賠償額 16.2 兆円とすると，約 6 円となる。バックエンドコスト 18 兆円で，発電コス

トへのはね返り約6円となる。寄付金・安全対策・避難整備費・除染費用・災害救助費など，年1,500億円50年で8.1兆円とすると，合計30円となる。原発は発電費以外の間接的関連費を算入していない。料金転嫁分とか，公費負担分とか，発電コストが総合単価として計算されておらず，現在でも割高なエネルギーではないか。

　すくなくとも将来のエネルギー開発において，自然エネルギーは，平均コストの低下など，有利な条件があり，原発とのコスト競争において，優位にたてる時期は，そう遠くないであろう。

2 原発立地と自治体の選択

　原発立地自治体は，福島第一原発事故後，原発を認めるか，原発を拒否するかの選択を迫られている。

　もっともマクロのエネルギー政策では，日本のエネルギーの自給率は，数パーセントで，しかも石油も必ずしも安定エネルギーでなく，原子力発電はどうしても，必要という論理が成り立つ。

　2012年9月16日に関西電力大飯原発4号機が，定期検査のため営業運転を停止し，国内で稼動する原発が，ゼロの状況になったが，火力発電所をフル稼働させことなきをえた。しかし，電力会社の経営赤字拡大，大気汚染と国際貿易収支赤字が問題となった。

　もっとも電力会社は，短期の企業収益だけで，電力事業を処理しているが，独占企業であり，さまざまの政府支援をうけている，準公共セクターとしては，とるべき経営方針ではない。企業も社会的貢献度から，省エネ経営に精力を注ぎ，市民・企業も，節電への行動スタイルを，呼びかけていくべきである。

　原発事故を直視すると，原発神話は崩壊しており，この危険なエネルギーを，野放図に推進することはできないのではないか。原発を廃止しても，電気使用量の節電・自然エネルギーの開発・省エネ装置の普及などで，国民的課題として，30年も努力すれば，原発なしで，エネルギー供給を，達成できる処方箋を描くことかできる。
(16)

エネルギー対策を，短期処理でなく，長期政策で対応すべきである。自然エネルギーの比重を高める一方で，省エネ装置（コージェネレーション）の開発，エネルギー利用の効率化などで，原発・火力への依存度を低めることが，原発抑制へのもっとも有効な方策である。

原発推進をめざす，市場メカニズムと，原発阻止をめざす，公共メカニズムの対立である。特定自治体が，地域振興の手段として，原発を誘致するのは，地域施策としては，許される選択であるが，原発財源の浪費がおこれば，誤謬の選択となる。

原発は，廃止できないという仮説

第1の課題は，原子力発電は，廃止できないと仮説である。計画停電の実施となれば，日本経済の損失は莫大であり，発電コストも飛躍的に増加する。しかし，原発を即時廃止はできないが，計画的年次的廃止は不可能でなく，発電コストも増加しない。

もっとも脱原発の世論もあり，原発立地自治体での慎重な姿勢がみられる。(17) しかし，政権与党の自民党では3分の1をこえる，原発推進議員連盟が，原発の新増設・再稼動の要求を強めており，その勢いは衰えていない。

第1に，脱原発の有効手段として，電力会社の独占体制を解体し，多様な電源を開発していく，既存電力会社から電気供給をうけない対応である。女川原発から30キロ圏にある，宮城県美里町は，電気購入相手を，東北電力から日本ロジテック協同組合から購入に切り替える予定である。この組合は焼却炉の熱といった原発以外で発電した電源で，供給している。料金も年850万円節約が見込まれる。

すでに仙台市なども，電力小売の自由化に対応して，新規参入事業者から給食センターなどで新電力を購入している。基本的な政策課題として，電源開発・供給の多様化をすすめ，多様なエネルギー源を育成していくことである。

第2の脱原発への対応は，自然エネルギーとか，廃棄物エネルギーの奨励である。非原発エネルギーの欠点として，コスト・安定性などが指摘されているが，克服できない問題ではない。まして政府が，原発なみの支援・体制をつくれば，成長性が見込める。

夏場のピークは，太陽光発電をすすめていけば，克服できるが，冬場の暖房ピークをどうするかである。自然エネルギーで対応できない以上，火力発電に依存となるが，長期的には自然エネルギー・都市廃棄物エネルギーなどを開発していき，石炭石油などの化石燃料の火力発電の比率を，低下させることである。

都市型発電では，消費地への送電コスト，送電力ロスを，回避できる長所がある。自治体では大型ごみ焼却炉が，一般化しているが，都市廃棄物は多種・大量であり，食事の残飯によるメタンガス発電も有効である。

第3の脱原発への対応は，節電装置の開発・省エネシステムの導入・企業・市民の意識育成などで，電力消費量を抑制する。原子力発電は30％のシェアーであるが，それはピーク時の問題であり，電力会社の融通システムを強化していけば対応できる。長期的には自然エネルギーで15％，省エネ15％で，ピークの電力需要克服への戦略図式がえがける。

地域ぐるみで対応していけば，可能性はひろがる。滋賀銀行は，05年から環境融資を実施し，貸出金利を最大0.5％引下げている。

融資約 2,300 億円，約 460 億円に上る。[18]

第 4 に，コストの問題は，自然エネルギーで，高い買取価格を支払っても，トータルコストはさがる。

原発のコスト論争での核心は，原発事故の確率で，10 年に一度，100 年に一度とさまざまであり，原発事故の損害賠償・地域復旧コストも，10 兆円から 100 兆円まで大きな差がある。

しかし，問題は，飛行機・鉄道でも，事故は発生するが，被害は局地的であり，原発のように広範囲で被害で，地域を死滅させることはない。被害がもたらす経済・社会的コストは，莫大である。

しかも脱原発のメリットも，原発推進と同様に莫大である。原発立地交付金・核燃料税・原発への安全対策費が不要となり，再処理コストも軽減される。さらに自然エネルギー開発は，経済需要をうみだし，技術開発をつうじて，自然エネルギー装置の輸出に貢献する。

原発廃止への自治体の対応

第 2 の課題は，自治体の対応である。政府の対応は，経済産業省の「エネルギー基本計画」(2013.12.6) の原案は，原子力発電を，「重要なベース電源」として，「原発ゼロ」からの転換を，明確に打ち出している。

しかし，全国の 3 割近い 455 自治体が，「脱原発」の意見書を可決しており，地域的には原発立地の周辺自治体が多い。それは「原発の税収や交付金などの恩恵はない一方で，事故時には大きな影響がでる」[19]からである。

原発周辺地だけでなく，大都市圏という消費地こそ，真剣にエネルギー問題と，むきあうべきである。東京都都知事選挙について，「立

地の危険を地方に引き受けてもらって傍観しているわけにはいかない。今回，都民はわがこととして熟考するまたとない機会を得る」[20]と，エネルギー政策への関心を呼びかけている。

　福島第一原発事故で，自治体の原発立地への対応にも，変化の兆しがみられ，原発立地促進の奨励措置も，抑制へと転換しつつある。しかし，原発立地自治体では，原発は地域経済の主要産業であり，地域の死活問題であり，再稼動・新設・廃炉延長など，原発存続への意向はつよい。

　電力会社は，2013年末で14基の原発が，新規制基準をみたしているとして，原子力規制委員会に再稼動を申請しているが，住民の避難計画は，置き去りである。避難計画も立てられない，原発の再稼動は認めべきでない。[21]

　自治体の対応が，再稼動のカギを握っているが，原発立地自治体と非原発立地自治体とでは，再稼動をめぐって温度差があり，自治体間の関係も，ぎすぎすした状況に変貌している。

　政府が存続か廃止かを，明確にしないだけでなく，原発政策の処方箋も曖昧であり，自治体は混迷を深めている。今後，自治体は，原発にどう向かい合っていくのか，原発立地自治体が，政府の原発推進へ追随することは，容易である。

　しかし，非原発立地自治体が，原発反対するならば，イデオロギーでなく，具体的な施策を，提案・実践して，原発がなくても，日本のエネルギーは，大丈夫という処方箋を，提示・実証・実行しなければならない。

　一方で原発立地自治体は，その間に脱原発の対応策を練っておくべきで，ある日，突如，政府のエネルギー政策が豹変し，産炭地域

のように見捨てられる悲劇は，回避しなければならい。

　原発立地自治体も，脱原発へソフトランディングできる，施策づくりを，そろそろ策定する時期に来ているのではないか。

　原発をめぐって，廃止か再稼動か大きく揺れたが，安倍内閣は，原発推進への舵をきりつつあるが。地方自治体では，福島第一原発事故で，状況はかわるはずであったが，実際は，大都市圏など消費地では，一時は電力危機で節電への関心も高まったが，現在では鎮静化して，対応は不発の状況である。

　一方，原発立地自治体も，福島第一原発事故をみて，脱原発へと転換するかと予想されたが，実際は意外にも，原発推進・拡充路線を切り替えていない。

既存原発の再稼動を認めない選択

　第1の選択は，既存原発の再稼動を認めない選択である。福島県は，2011年12月1日に，復興計画素案で，基本理念を「脱原発」とし，福島県内の10基の原発廃炉要求も明記した。

　検討委員会会長の鈴木浩（福島大学名誉教授）は，「原発事故の影響が今も深刻化するなかで，原発依存を続ける選択は地域が許さない」「原発に依存した経済は，地域経済がもつさまざまな発展の可能性を閉ざしてきた」[22]と明言している。

　第1に，原発廃炉がもたらす経済的影響，ことに雇用は，原発関連の直接的雇用だけで1万人にもなり，問題が指摘され，復興計画素案では，自然エネルギー・工場研究所誘致などをかかげたが，決め手に欠けるといわれている。

　しかし，内発的開発は，無数の企業・団体の経営活動であり，自

治体が地域エネルギーをまとめていけば，かなりの生産・消費効果が期待できる。かつて神戸市は，安定成長期にはいり，基幹産業である，重厚長大産業の移転・廃業に見舞われた。

神戸製鋼の加古川移転でも，神戸市は1万人以上の人口減少をみたが，生活文化産業を，市の主要産業として振興していった。ファッショ・グルメ・コンベンション・観光産業が成長していった。これら産業は，雇用効果が大きく，事業効果の裾野のひろく，生産所得だけでは，地域社会への効果は比較すべきでない。

近年さらに神戸製鋼の高炉全面廃止に直面しているが，医療産業都市への成熟が，工業衰退をカバーできるが，死活問題である。しかし，都市，そして地域は，本来，創造的破壊の連続であり，つねに新産業の育成に精力を結集しなければ，衰退をたどる運命なのである。

第2に，原発事故に見舞われた，福島県は否応なしに，脱原発へと政策転換をせざるをえない。原発マネーは，37年間で2,694億円，2011年度だけで131億円であったが，地域振興に有効に生かされたかは疑問である。

それでも脱原発をすすむ道を，福島県は選択した。鈴木会長は，「原発関連の交付金に依存した自治体の財政は，一度始めると抜け出せなくなってしまう」「福島は事故によって否応なく脱原発の道を進む。厳しい道のりだが，同じように原発依存の青森には福島の取り組みを見てもらい，脱原発の選択肢もあることに気づいてもらいたい」[23]と，訴えている。

福島県は，2011年12月15日，電源三法交付金のうち，発電量に応じて配分される「電力移出県等交付金」(市町村分除外)，11年度で推計すると約29億円を，福島県は，原発再稼動がない以上，

この交付金の申請をしないことにし、財政面からの脱原発の姿勢も明確になった。福島県は、電源立地交付金・核燃料税などの財源的損失を覚悟で、脱原発をすすむ道を選択した。

第3に、福島県は、「再生エネルギー先駆けの地」をめざして、「第1回福島県再生可能エネルギー普及アイデアコンテスト」を公募し、脱原発への意欲を示した。[24]

政府は原発推進と同様の熱意をもって、再生可能エネルギーの推進のため、電源立地交付金なみの奨励金を投入すべきである。

政府が問題の本質を回避して、原子力発電を推進するのは、政策的にみても片手落ちの対応で、省エネ・自然エネルギーも、並行してすすめるべきで、電源立地交付金の半分は、脱原発への地方自治体への交付金とするべきである。

原発再稼動だけに、注目が集まっているが、エネルギー政策の実効性の確保のためには、地域間の電力需給バランスの是正も、政策の課題とすべきである。

東京・埼玉・大阪が供給を多くうけ、福島・千葉・新潟・福井県が多く供給しているが、電力消費地こそ、省エネ・自然エネルギーなど、責任をもって対応すべきである。[25]

発電地域と消費地域の格差が大きく、この状況を黙視して、電源立地交付金のたれ流ししている状況を是正して、脱原発へと連動させる政策転換が急がれる。

当面の課題は、政策的には約3,400億円ある、電源開発促進税のうち、現行の原発立地自治体への交付金1,200億円はすえおくとして、同額の1,200億円を、自治体の太陽光発電・都市廃棄物発電などの非原子力発電促進費に適用していくべきである。

そして残余の約 1,000 億円は，従来どおり原子力はじめエネルギー研究・調査費とかエネルギー関係機構の経費への充当を容認すればよい。

現行の電源開発促進税は，実質的には原子力開発促進税であって，自然エネルギーの開発・促進には逆行するシステムとなっている。このような状況では，原子力のみが発達し，自然エネルギーなどの開発・普及がおくれる。

電源開発促進税を逆用して，消費自治体へも交付金を還元し，消費自治体が，非原発エネルギーの開発，省エネ対策を本気でやり，原発立地地域への贖罪の証しとしなければならい。

さいわい大都市圏自治体は，2011 年度都道府県 2,074 億円，市町村 2,645 億円という，超過課税税源がある。電源立地交付金の自然エネルギー促進事業の補助裏財源として活用すべきである。ことに電力消費自治体は政府に対抗して，自然エネルギーの開発研究・導入実践施策での，卓抜した政策能力を発揮し，行政実績で実証する好機である。エネルギー政策が，政府の専管と主張する政府への反証となるであろ。

原発誘致の選択

第 3 の選択は，原発誘致の選択である。福島第一原発事故後も，原発誘致をめざす自治体は皆無ではない。山口県上関町は，2011 年 9 月に行われた，町長選挙で原発推進の現職が，大差で，三選されている。

さらに電源立地交付金が，2007・2008 年度 7,426 万円，2009 〜 2011 年度 7,200 万円が，それぞれ支給されている。計画段階で

交付金が支給されているが，これでは正常な政策決定はできないのではないか。

1982年以来，30年以上も原発誘致を運動している。福島第一原発事故後も，事故をうけて，原発の安全性は高まっており，既存の原発と違い，新規原発は安全であり，過疎脱却をめざして，原発誘致にのぞみを託している。[26]

原発をどうするかより，原発立地自治体にとっては，地域経済の問題であり，地方財政の問題である。非原発立地自治体は，エネルギー問題として，対応しているが，それだけでは解決できない。

原発誘致の根底には，地域格差がり，地域格差是正には，国土構造の地方分散を確実にするため，人口減少度合いに応じた，企業・事業所立地への奨励金を創設しなければ，根本的解決をみないのではないか。

気がかりなのは，原発複合体の動きである。自治体の政策選択をゆがめる外圧であり，典型的手段が，財源給付による誘導であり，政治的に議会・組合・業界などの利害関係者が，介入し，強制的に原発推進への決定を引き出すことである。[27]

原発をめぐる政治力学としては，原発推進は，原発複合体が，資金・政治力とも十分あるので，地方自治体は脱原発で，足並みをそろえて対抗すれば，バランスがとれ，白熱した論争を展開し，熟慮の決定ができるのではないか。

原発立地自治体と非立地自治体との落差を，どう埋めていくか

第4の選択は，原発立地自治体と，非原発立地自治体との原発への落差を，どう埋めていくかである。従来，原発立地自治体が，原

発行政の行政需要，迷惑料・危険手当の視点から，原発マネーの導入を容認してきた。

しかし，福島第一原発事故後，危険区域が拡大され，原発周辺地域は県外まで拡大され，電力会社との安全協定もなく，原発マネーの恩恵もないという不満が顕在化し，対立が鮮明化した。

第1に，関西電力おおい原発の地元である，おおい町では，2012年5月14日，町議会は，3・4号機の再稼動について賛成多数で決議した。住民集会では厳しい反対意見がでたが，結果は，議会はゴーサインをだした。

その背景には「雇用，経済で地元は窮地に陥っている」，長引く原発停止が地域経済にあたえる影響を危惧する意見がひろがっている。しかし，原発マネーに依存する，利権構造も根強い再稼動への牽引力となっている。

しかし，隣接する小浜市では，議会は「原子力発電からの脱却を求める」[28]との意見書を，全会一致で可決している。小浜市では，原発稼動について，事前に協議できる内容の安全協定を，関西電力とは締結できていなし，電源三法の恩恵もきわめてすくない。住民も再稼動は，慎重に決定してほしいと願っているのが，偽らざる心境である。

2012年に福井県内の市長会で，敦賀市が提案した「原子力政策の堅持」をめぐって，賛成2市・反対7市で，否決された。14基のすべてが停止し，地域経済が低迷する原発立地自治体は，早期の再稼動を求めている。長期化すれば，地域経済の崩壊にもつながる可能がある。

しかし，非立地自治体の小浜市議会池尾議長は，「命あっての経済，

雇用。福島の事故の原因究明と事故の知見を反映させた安全策が打ち出されないが。慎重であるべきだ」[29]と，原発再稼動には消極的である。

おおい町の建設業者は，「日本の経済を支える役割を担ってきたのは事実なのに，それは無視され，地元は『金の亡者』のような言われ方をされている」[30]と慨嘆しているが，一般市民としては，当然な思いである。

しかし，消費地の住民としても，割増電気料金を負担しているが，有効なエネルギー政策に，電源立地促進地税が充当されていないという不満が残っている。

非立地自治体の底流には，原発マネーとは無縁であるだけでなく，関西電力と安全協定を締結しているのは，県と立地市町村だけで，原発再稼動のカギを，握っているのは立地団体だけという，政治的不満もある。

政府も安全性の基準をどこで，線引きするのか，原発再稼動への意欲は強いが，実際，活断層の問題もあり，多くの原発が休止に追い込まれいる。[31] それでも再稼動をめぐる動きは根強く，いつゴーサインがでるか，予断を許さない，危険な状況にある。

しかし，古い原発を廃炉にして，新規の原発を抑制していけば，10～20年後には原発は半減する。

もっとも危険な原発は早期廃止，建設中の原発は，個別に容認していくなど，実施の過程での，弾力的で柔軟な対応が認められるが，脱原発という基本路線は堅持していかなければ，なし崩し式に原発化へ，再度のめり込みかねない恐れである。

第2は，福島第一原発事故は，原発立地自治体と周辺自治体の

対立を顕在化されていったが，その背景には，政府は，福島第一原発事故をうけて，必要な防災対策重点区域を，従来の10kmから30kmにした。「緊急時防護措置準備区域（UPZ）」を一挙に3倍にした。そのため全国的に原発立地自治体と，周辺自治体との対立がひろっがている。北海道函館市は，津軽海峡をはさんだ，建設中の青森県大間原発の差し止め訴訟を，国と事業者（Jパワー）を相手に提起することにしている。自治体が原告となるのは，全国初であるが，函館市が防災対策重点区域（UPZ＝30キロ圏）内に市域の一部がふくまれるからである。[32]

　原発再稼動をめぐって，影響をうける関係自治体の範囲も増加し，おおい原発3・4号機の再稼動をめぐって，福井県と京都府・滋賀県で，つばぜりあいが発生した。

　京都府・滋賀県の一部が，大飯原発の30km圏に入るからで，両府県は「被害自治体」として，福井の原発行政に関与する口実ができたことになる。しかし，福井県は，原発立地自治体と周辺自治体とは，同類とはみとめらないとの主張である。[33]

　非原発立地自治体としても，原発事故被害もあるが，原発立地交付金問題は，電気料金に確実にはねかえるので，無関係ではない。電源立地地域対策交付金とか，関西電力との安全協定とかの，権限・財源を京都府・滋賀県が求めないという，前提条件で，広域的に原発安全性を考えいくべきである。丁度，淀川水系をめぐる，滋賀県と下流の京都府・大阪府・兵庫県との関係のように，府県レベルをこえた対応が必要となりつつある。

　ともあれ大飯原発は，国内すべての原発がとまってから40日余で，福井県が同意したことで，再稼動へと動きだした。福井県にと

って「原発に頼らざるを得ない県の現状を訴えた。将来が見通せないまま,まずは大飯の2基が起動する」[34]という,苦渋の決断であった。

今後,原発立地自治体・原発エネルギー消費自治体が,対立をこえてどう,原子力に対応するかである。エネルギー政策は国策であるとして,軍事・環境・エネルギー・社会保障など,地域社会に直接的影響のある政策は,自治体が無関心であってはならない。[35]

ただ原発をめぐる問題について,発電自治体も消費自治体も,エネルギーの政策論争は控えてきた。それは双方のエゴが,露呈するからである。

消費自治体は,危険を発電自治体におしつけ,高い電気料金を支払うことで,免罪符をえてきた。また発電自治体は,恐怖の報酬として,電源立地交付金など,潤沢な原発マネーを享受してきた。しかし,これでは問題の根本的解決にはなっていないのである。

3 脱原発への自治体の処方箋

脱原発への地域経済システム

　脱原発への実効性のある政策は，都道府県間のアンバランスを突破口として，政策的に省エネ・自然エネルギーを，すすめ戦略が考えられる。地域社会のエネルギー自給率を向上させて，エネルギー問題を段階的に解消していくシステムである。

　ごみでも水でも原則は，自己完結型システムで対応してきた。電力消費地は，電力供給地の苦悩をふまえて，エネルギー施策を実践すべきである。[36]

　都道府県間のアンバランスをふまえて，省エネ・自然エネルギーをすすめ，地域社会のエネルギー自給率を向上させて，原発に依存しないエネルギー状況を，実現させることである。

　極論であるが，電力発電・消費を基準にして，都道府県単位で地域別電気料金を設定していけば，自然エネルギー政策も，拍車がかかるであろう。

　第1に，原発は，エネルギー問題とともに，地域政策の問題であり，現実はより深刻かつ広汎な問題として論議すべきである。政府は，山村僻地の貧困について，交付税で財源補填をするだけで，あとは町村の自力開発に委ね，有効な施策を講じてこなかった。

　日本，最北端の下北半島では，核燃施設立地の4市町村長が，福島第一原発事故以後でも，「原子力政策の堅持」を，国に要望して

いる。都市自治体・住民は,「原発にまちづくりを託さざるをえない,地域の苦痛」を知らなければならい。[37]

それは貧困層が,健康被害を覚悟で,生活の糧をえるため,過酷な労働の選択を余儀なくされたのと同様の構図である。むしろ責められるべきは,原発の安全性を怠り,地域社会における振興施策の選択を,麻痺させてきた,政府の電源三法などの財政措置である。

その根底には,都市集積への繁栄のメカニズムが稼動し,都市だけが繁栄し,農村は疲弊する,経済格差の構造を,政府が経済優先主義から,放置してきた政策怠慢があった。

第2に,原発立地を誘致した自治体の苦渋の選択を,どう解釈するかである。誘致の背景には,地域の後進性があった。[38] 原発は,後進性を脱皮し,工業都市・中枢都市をめざしたのであり,原発誘致はあくまで手段であった。[39] しかし,現実は厳しく,やがて原発マネーへの依存症になっていった。

さらに原発神話に,自治体関係が洗脳され,原発に地域成長の夢を託した選択を,批判することはできない。しかし,原発を誘致して,地域社会は,どう変ったか,あらためて考えてみなければならない。

現在でも福島県原発被災住民のなかには,原発と共存した40年の豊かな生活を思うと,東電を非難できない心情がある。しかし,繁栄の代償は,余りにも大きいだけでなく,原発賠償など,国費の無用の支出となっている,現実を考えなければならない。

第3に,非原発立地自治体は,原発立地自治体の原発再稼動に反対するならば,自然エネルギー・省エネシステムの開発・導入への熱意・実績を示すべきである。

ただ自治体は,原発複合体に囲い込まれないことであり,さらに

自治体が，原発複合体に変質してしまっては，脱原発は厳しい。[40]

　エネルギー政策の適正な推進には，「国策民営」の電力会社の構造・運営体質の改善が不可欠である。発送電一体の独占体制を解体しなければならい。そして無数の自然エネルギーの企業・市民グループを創造していくことである。そのためにはエネルギー供給におけるシステムの民主化が，市民運動の責務となってくる。[41]

　第4に，将来，原子炉の廃炉が決定されたとき，立地自治体は厳しい状況におかれる。かつて産炭地域が閉山で，ピンチにたたされ，政府は産炭地域振興交付金で支援の手を差し延べた。

　しかし，実態は，経済・財政力が疲弊した，立地市町村への丸投げであり，過重な負担と性急な振興策から，産炭地域のおおくは，地域崩壊の悲劇をみている。

　産炭地域として福岡県飯塚市・宮田市・福島県いわき市などは成功したが，北海道夕張市・福岡県旧赤池町は失敗している。成功した地域は，比較的立地条件に恵まれたところであり，おおくの産炭地域原発は，内発的発展すら厳しい環境にさらされ，過疎の波に洗われている。

　政府は，地域社会・地方団体を，国策遂行の手段として利用し，政策が行き詰ると，方向転換し，地域を使い捨てにしてきた。老朽原発をどうするのか，政府が方針を確定しなければならないが，廃炉後の地域社会の経済・財政再建の処方箋を，しっかりと描く責務がる。

　ただ原発は，立地地域にとって基幹産業であり，廃炉は地域社会にとって，大きな痛手であるが，これまで産業政策の変更，構造変化などで，おおくの地域で，工場閉鎖・移転によって深刻な打撃を

うけ，再生への苦闘が展開されてきた。

ただ原発は「地元との産業関連をあまり持たない孤立性の高い事業所である。閉鎖・撤退による雇用喪失の影響は大きいが，地域産業関連による負の波及効果は，さして大きくはあるまい」[42]といわれている。

それでも原発立地自治体は，来たるべき脱原発への方向転換にそなえて，復興への地域ビジョン・財源措置の設計をえがき，廃炉後の地域社会再生への処方箋を，原発立地で財源が潤沢な時期に策定しておかなければならない。

脱原発への地域エネルギー循環システム

第5に，原発立地推進，そして原発事故について，責任のけじめをしっかりとつけていかなければならない。再度の原発事故が発生しかねない。事故の責任は，東京電力であり，政府である。[43] しかし，原発立地自治体も，責任がないとはいえない。[44]

また電力消費地の都市自治体・都市住民も，責任は免れない。それは「歴代政権の政策を基本的には支持し………原発の電気を大量に消費している都市の住民に責任の一端がある………みずらが多く負担している税金が原発立地の推進に使われていることも都市の住民は全くと言っていいほど知りません。無知であることにも責任がともなうのです」[45]と批判されている。

第6に，原発立地自治体の対応は，原発立地の電源三法などの財源を，将来の地域振興への基盤づくりに生かすのが，有効な施策選択である。道路・箱物ではなく，教育・医療・環境などの成長産業を，育成することである。

将来，原発廃止が決定され，親亀こけたら，子亀もこけたでは困るので，原発立地自治体こそ，原発後の地域社会像への秘策を培養していかなくてはならない。

　原発マネーで50年稼ぎ，その間に地域振興の基盤を育成し，50年後は，原発マネーで育成した，非原発産業で生きていく地域振興戦略を，当初から策定していなければならない。⁽⁴⁶⁾

　第7に，原発だけでなく，水・石油・ごみ・空気など，これまで自治体も市民も，真正面から対峙して，問題の処理を考えこなかった。原発は原発ごみをどうするのか，厄介な問題であるが，原発の依存度を下げるためには，原発立地自治体におんぶにだっこでは，解決しない。

　政策にはエネルギー自給率におうじて，電気料金を決定するシステムが，政策的には刺激的提案である。他地域におおく依存する地域は，超過分におうじて，エネルギー供給地域への差額を支払い，供給地は低い電気料金，消費地は高電気料金とすることで，工場などは，大都市圏をきらって，供給地域への移転をする誘因となる。

　エネルギー政策，そして原発問題について，自治体・市民は，自分の問題として考えてこなかった。省エネ装置の開発・節電行為の運動・自然エネルギーの普及など，自治体・地域社会の使命として，行政・生活にくみこんでいなければならない。

　自治体や市民団体による，再生エネルギー・省エネ対策もひろがりをみせている。各地で「市民電力連絡会」が設立され，全国的ネットワーク化がすすんでいる。全国で458基が稼働しているが，さらなる増設を促進するためである。エネルギー対策だけでなく，外部依存の発電より，地域経済効果の数倍とあるからで，脱原発への

実効性ある実施となるからである。[47]

　さらに期待されるのが自治体の省エネ対策で，兵庫県の14年度予算をみるると，住宅用エネルギー設備特別融資（37億円）が計上され，静かなる再生エネルギー促進への意欲が感じとれる。[48] 全国の自治体，ことに電力消費地域の自治体が，本腰をいれて取り組んでいけば，原発1基分の省エネ効果はすぐにでも達成できるであろう。

　エネルギー問題だけでなく，環境問題・社会保障・国土計画など国策に，自治体は積極的の関与し，先進的実践をつみかさね，自治体連合で政府に政策形成・転換・放棄を提示していく時代である。

注

（1）朝日新聞 2014.2.1 参照。
（2）大島・前掲「原発コスト」114 〜 128 頁参照。
（3）・（4）朝日新聞 2013.12.14。
（5）この点について，宮崎慶次大阪大学名誉教授は，「安全性最優先を大前提とし，事故の貴重な教訓を生かせば，さらに高い安全性向上を図ることができる。………今後，古い旧式原発を最新設計の原発に建て替える経営判断が大切だし，また，それを促進するうえで立地地域の住民の方々の理解が重要となる」（朝日新聞 2013.1.19）といわれている。
（6）復興庁は，福島復興再生総局を設置し，福島第一原発事故による対応への組織強化をはっているが，避難指示区域からの避難者数は，約 10.2 万人で，うち帰還困難区域約 2.5 万人である。除染・健康管理費だけで，復興庁『復興の現状と取組』（2013.9.25）によると，23 年度 5,553 億円，24 年度 3,949 億円，25 年度 5,727 億円を支出しているが，これらは応急・準備費であって，本来の帰還対策費・非帰還者救済費ではない。本格的する対応策は，中間貯蔵施設・除染コスト・非帰還者救済費を，仮に 1 人当り 1 億円とすると，12 兆円になる。
（7）・（8）朝日新聞 2013.11.7。
（9）審査会は 2012 年 3 月，家屋に対する賠償について，審査会は 2012 年 3 月，家屋賠償は，固定資産税評価額などをもとにして，原発事故直前の賠償を最大とした。しかし，この方式では築 48 年の木造住宅では取得額の 20％しか賠償しない方針であつたが，地価の高い都市部に避難した住民は，住宅はかえない。そこで買収価格を 3 倍とし，200 万円の賠償額に「住居確保損害」として 400 万円を上乗せし，600 万円とした。朝日新聞 2013.10.1 参照。
（10）内訳は，精神的損害 3,000 万円，故郷喪失慰謝料 2,800 万円，住宅・家財などの損害 2,346 万円，新居購入のための住居確保損害 1,572 万円，失業など就労不能損害 957 万円である。朝日新聞 2013.12.29 参照。
（11）朝日新聞 2013.12.29 参照。（12）朝日新聞 2013.10.22 参照。

(13) 福島市は，2013年10月21日，2012年度分として，17億1,000万円で，固定資産税・入湯税の減収分約12億5,000万円と，放射能健康管理室・除染推進課の人件費約2億7,000万円などである。なお2011年度の15億1,000万円賠償額は請求したが，支払いには至っていない。朝日新聞2013.10.12参照。茨城県北茨城市が，2013年11月27日，市立総合病院の収益が減収となった分で，東京電力が，1億9,000万円が支払われた。請求は2012年7月に約4億5,000万円を請求した分に対する賠償である。朝日新聞2013.11.18参照。福島県葛尾村が，2013年11月28日，約1.6億円を請求している。避難関係費・村人件費・税収減などである。朝日新聞2013.11.29参照。
(14) 朝日新聞2013.9.12。(15) 朝日新聞2013.10.1参照。
(16) の点について，「脱原発は，政治的スローガンでもイデオロギーでもなく，現実に実施可能な政策である。脱原発に進むことは，保守や革新などの政治的立場，思想信条，社会的立場の別を超え，多くの国民が一致できる政策である」(大島・前掲「原発コスト」210頁)といわれている。
(17) 発立地自治体の柏崎市会田洋市長は，「歴史的に賛成派と反対派が激しく対立してきた。そこに福島第一事故が起きた。地元では再稼動は議論すらできない」(朝日新聞2013.12.30)と，静観の状況である。政治的情勢としては，「安全を確保したうえで，原子力の有効利用」という意向は根強く，ほとぼりが冷めるのをまっている状況である。
(18) 朝日新聞2014.1.17参照。(19) 朝日新聞2014.1.19。(20) 朝日新聞2014.1.15。
(21) 再稼動について，立地自治体の対応もばらばらであるが，「自治体によっては，地元経済への配慮から再稼動に期待せざるをいない事情もある。甘い計画しか立てぬまま再稼動を認める首長も出てこよう。………住民の安全を棚上げしたまま，再稼動を急ぐべきだとはおもわない」(朝日新聞2013.12.24)と，再稼動への慎重な対応が求められている。
(22) 朝日新聞2011.12.15。(23) 朝日新聞2011.12.16。(24) 朝日新聞2014.1.1参照
(25) この点について，「消費自治体が脱原発をめざすなら，立地自治体の経済再建や，自分たちの消費が生んだ廃棄物の処理負担や協力はさ

Ⅲ　脱原発と自治体の選択

けられないだろう。一方だけ利する道は必ず壁にぶつかる」(朝日新聞2014.1.19)といわれている。
(26) 原発建設計画がある山口県上関町では，中国電力が，総額2億円以上の道路拡幅・新設工事を行っているが，脱法的寄付であり，電力会社のコンプライアンスが問われる行為である。朝日新聞2014.3.14。山口県上関町の原発誘致については，伊藤久雄「原発立地自治体における原発依存脱却への課題」『市政研究』2011.10，173号，20・21頁参照。
(27) 吉岡斉教授は，原発複合体を「核の六面体構造」と名づけている。「『官』セクターが全体の元締めであり，その周囲を電力業界，政治家，地方行政関係者，原子力産業，大学関係者がとりまいている。そうしたメンバーの間での利害調整にもとづく合意にそって政策が定められる」(石橋・前掲「原発」143・144頁)と，談合的決定で処理されていると批判されている。
(28) 朝日新聞2012.4.25。(29) 朝日新聞2011.2.17。(30) 朝日新聞2011.2.17。
(31) 福井県敦賀市では，敦賀原発第2号の原子炉の直下に活断層があると，原子力規制委員会の有識者会合が断定した。そのため廃炉の可能性が発生し，3・4号機の本体着工も見通しがたたなくなった。朝日新聞2013.5.16
(32) 朝日新聞2014.2.12。
(33) 西川福井知事の関係府県・市町村参画の主張に対して，「野球で言えば(周辺自治体は)グランドを眺める立場。福井は長年にわたっておろんな問題に取り組んだ。歴史も自覚も異なる」(朝日新聞2012.6.19)と，懸念を示している。しかし，朝日新聞の20121年4月の福井県民への世論調査では，原発立地の対象について，「『福井県以外も含めて』が56％を占め，『県内全域』(22％)，『嶺南地方』(11％)，『県とおおい町』(4％)を大きく上回った」(朝日新聞2012.6.19)との調査結果であり，原発事故の場合，広域避難を考えると，拒否反応を取りつづける状況ではなくなっている。
(34) 朝日新聞2012.6.17。
(35) この点について，「確かにエネルギー政策は国が主導してきた。増

大する電力需要をまかなうため，過疎に悩む自治体に原発を引き受けさせ，大量の電気を全国に送った。都市は豊富な電力による成長を，地方はお金と雇用を手に入れ，互いに依存していき。その国策がいかにもろく，危ういものだったかを，福島での原発事故がまざまざとみせつけた」(朝日新聞2014.1.19)といわれている。この国策主導は，新産業都市と公害列島という，拙劣な経過と酷似している。

（36）この点について，「消費自治体が脱原発をめざすなら，立地自治体の経済再建や，自分たちの消費が生んだ廃棄物の処理負担や協力はさけられないだろう。一方だけ利する道は必ず壁にぶつかる」（朝日新聞2014.1.19）といわれている。

（37）福島大学・清水修二教授は，「電源三法は都市と農村の関係だったと思う。原発立地という面倒で難しい問題を，市場原理の土俵で片付けようとしたのがこの制度だ。だがこれは対等・公平な取引にはなりえず，結果として都市と農村の関係が歪んでしまった。………東日本大震災後，立地自治体から『原発を早く動かしてくれ』という声があり，大都市の方が『ちょっと待て』という構図が生まれたのは切ない」（朝日新聞2013.1.14）といわれている。

（38）青森県六ヶ所村の場合も，「もともと東北地方でもとりわけ自然環境のきびしい農漁村です。しとが低く出稼ぎをしなければ暮らしていけない農漁家は多数ありました。幾度か開発計画がもちあがりましたがその都度挫折し，こんどこそはと期待したコンビナート建設もフイになってしまい，最後の頼みの綱として原子力地帯に特化する道を選択せざるを得なくなった」（清水修二『原発になお地域の未来を託せるか』63・64頁，以下，清水・前掲「原発と地域」）といわれている。

（39）原発誘致をした，行政関係者は，「原発立地そのものを目的にしたわけではなかったはずです。そのことは当時いわれた『地域発展の起爆剤に』という言葉からうかがうことができます」（清水・前掲「原発と地域」66頁）といわれている。しかし，原発関連企業が集積し，地域経済が成熟することはなかった。

（40）この点について，「日本の原子力開発は，原子力複合体によって，反対派，慎重派を徹底的に排除して，進められてきた。その最終的な帰結

がヰ島第一原発事故である。原子力政策を推進してきた体制が完全に解体されなければ，原子力複合体は復活してくるであろう」（大島・前掲「原発コスト」210 頁）といわれている。
(41) ヘルムート・バイトナー：ベルリン自由大学環境政策研究センター上席研究員は，「ドイツ人の多くは，原子力は破滅的な大惨事を引き起こす技術的な危うさがあるだけでなく，政治の不透明さや腐敗につながるとみています。推進する政財官の複合体が原子力における様々な問題を隠し続けるために，情報公開など民主主義の基本的な権利を侵害しかねないと考えています」（朝日新聞 2014.1.21）と，政治システムの変革であることを強調している。実際，原発安全性・コスト・料金など，個々の問題を追求しても，最終的には，国家・企業のガバナビリティの民主性を信用できるかどうかできまる。
(42) 石橋・前掲「原発」207・208 頁。
(43) 東京電力の責任について，災害が不可抗力であり，安全基準をクリアーしていたとしても，「40 年も前に造られて，現在の安全基準を適用すれば恐らく合格できないであろうような原子炉を，寿命を伸ばしながら稼動してきた」（清水・前掲「原発と地域」46 頁）東京電力の責任は免れない。政府も原子力発電を国策として，電力業界を説得し，自治体を利権誘導財政で承諾させ，原発の安全性を保証して，住民に安全神話を浸透させてた，責任は重い。清水・前掲「原発と地域」47 頁参照。
(44) 自治体の責任について，「原発の立ち並ぶ双葉郡は，かって人口減少に悩む過疎地域でした。そして一般の企業立地が進まない中で，１つの政治的選択として原発誘致による地域振興の道を歩んできたのは紛れもない事実です」（清水・前掲「原発と地域」47 頁参照）が，問題は第２原発をめぐって，「住民訴訟も提起され，長年にわたる法定での争いが繰り広げられました。スリーマイル島原発事故，チェルノブイリ原発事故，第２原発３号機の再循環ポンプ破損事故があってもなお，………あえて利益誘導に乗って原発依存を深めてきた責任は決して小さいとは言えない」（同前 47・48 頁参照）と批判されている。
(45) 同前 48 頁。
(46) 自治体の地域開発は，「1960 年代には，地域開発といえば企業誘致

しか頭に浮かばないほど外来型開発志向が支配的でだったが，それから半世紀もたった今日，地域振興戦略の主流は大きく転回している」(石橋・前掲「原発」204頁)といわれているが，原発立地自治体は，原発依存の開発から脱皮できていない。
(47) 朝日新聞 2014.3.8，2014.3.13。
(48) 住宅用融資は，太陽光発電・蓄電池・副層ガラス・省エネ型電気給湯器（エコキュート）・ガス給湯器（エコジョーズ）が対象で，最大500万円，年利1％，期間10年の貸付方式である。朝日新聞 2014.2.18。

参考文献

清水修二『原発になお地域の未来を託せるか』2011年　自治体研究社
石橋克彦編『原発を終わらせる』2011年　岩波書店
大島堅一『原発のコスト』2011年　岩波書店
福島民報社編集局『福島と原発』2013年　早稲田団大学出版部
高寄昇三『政府財政支援と被災自治体財政』2014年　公人の友社

Ⅲ 脱原発と自治体の選択

【著者紹介】

高寄　昇三（たかよせ・しょうぞう）
1934年神戸市に生まれる。1959年京都大学法学部卒業。
1960年神戸市役所入庁。
1975年『地方自治の財政学』にて「藤田賞」受賞。1979年『地方自治の経営』にて「経営科学文献賞」受賞。
1985年神戸市退職。甲南大学教授。
2003年姫路獨協大学教授。2007年退職。

著書・論文
『市民自治と直接民主制』、『地方分権と補助金改革』、『交付税の解体と再編成』、『自治体企業会計導入の戦略』、『自治体人件費の解剖』、『大正地方財政史上・下巻』、『昭和地方財政史　第1巻・第2巻・第3巻』、『政令指定都市がめざすもの』、『大阪都構想と橋下政治の検証』、『虚構・大阪都構想への反論』、『大阪市存続・大阪都粉砕の戦略』、『翼賛議会型政治・地方民主主義への脅威』、『政府財政支援と被災自治体財政』（以上公人の友社）、『阪神大震災と自治体の対応』、『自治体の行政評価システム』、『地方自治の政策経営』、『自治体の行政評価導入の実際』『自治体財政破綻か再生か』（以上、学陽書房）』、『明治地方財政史・Ⅰ～Ⅴ』（勁草書房）、『高齢化社会と地方自治体』（日本評論社）など多数

原発再稼働と自治体の選択
　原発立地交付金の解剖

2014年4月30日　初版第1刷発行

　　　著　者　　高寄　昇三
　　　発行者　　武内　英晴
　　　発行所　　公人の友社
　　　　　　　　ＴＥＬ 03-3811-5701
　　　　　　　　ＦＡＸ 03-3811-5795
　　　　　　　　Ｅメール　info@koujinnotomo.com
　　　　　　　　http://koujinnotomo.com/

ISBN 978-4-87555-641-1